W0260166

Telekommunikation für Bildung und Ausbildung

Telecommunication for Education and Vocational Training

Vorträge des vom 11.–12. Juni 1980 zur VISODATA '80 in München abgehaltenen Kongresses

Proceedings of a Congress Held in Munich During VISODATA'80, June 11–12, 1980

Herausgeber/Editor: K. H. Vöge

Springer-Verlag
Berlin Heidelberg New York 1981

MÜNCHNER KREIS
Übernationale Vereinigung für Kommunikationsforschung
Supranational Association for Communications Research
Ludwigstraße 8, D-8000 München 22, Telefon: (089) 284909

Dr. Karl Hinrich Vöge
Nixdorf Computer AG
Kaiserin-Augusta-Allee 10, 1000 Berlin 21

CIP-Kurztitelaufnahme der Deutschen Bibliothek
Telekommunikation für Bildung und Ausbildung :
Vorträge d. vom 11. - 12. Juni 1980 zur VISODATA
'80 in München abgehaltenen Kongresses = Telecommunication for education and vocational
training / [Münchner Kreis, Übernationale Vereinigung für Kommunikationsforschung].
Hrsg.: K. H. Vöge. - Berlin ; Heidelberg ; New York :
Springer, 1981.

ISBN-13:978-3-540-10645-6 e-ISBN-13:978-3-642-81612-3
DOI: 10.1007/978-3-642-81612-3

NE: Vöge, Karl H. [Hrsg.]; Visodata < 1980, München >;
Münchner Kreis; PT

2362/3020/543210

Inhalt/Contents

Liste der Referenten und Diskussionsteilnehmer
Index of Authors and Discussion Participants

Dr. U. Besser
Abgeordnetenhaus Berlin
Ausschuß für Wissenschaft
Apostel-Paulus-Str. 21/22
1000 Berlin 62

Prof. Dr. C. V. Bunderson
WICAT Incorporated
1150 So State Street
Orem/Utah, 84057/USA

Prof. Dr. G. Dohmen
Institut für
Erziehungswissenschaft
Universität Tübingen
Am Holzmarkt 7
7400 Tübingen

Dr. W. Flemmer
Bayerischer Rundfunk
Postfach 200508
8000 München 2

Prof. Dr. K. Haefner
Universität Bremen
Bibliothekstraße
2800 Bremen 33

R. Kamermann
Deutsche Lufthansa
Lufthansaring 1
6104 Seeheim-Jugenheim

Dr. U. Kling
Gesamthochschule Duisburg
Postfach 101629
4100 Duisburg 1

Prof. Dr. H. Meißner
Universität Münster
Fliednerstraße 21
4400 Münster

G. Meyer
Landtag des Saarlandes
Ausschuß für Kultur,
Bildung und Sport
Hindenburgstr. 7
6600 Saarbrücken 1

Prof. Dr. A. O. Schorb
Institut für Empirische
Pädagogik
Päd. Psychologie und
Bildungsforschung
Universität München
Ludwigstr. 27/I
8000 München 22

StD G. Spitta
Berufsbildende Schule 3
Münzeler Str. 26
3000 Hannover 91

Dr. K. H. Vöge
Nixdorf Computer AG
Kaiserin-Augusta-Allee 10
1000 Berlin 21

Prof. Dr. E. Witte
Institut für Organisation
Universität München
Ludwigstr. 28/Rgb.
8000 München 22

Eröffnung des Kongresses
Opening of the Congress

Prof. Dr. E. Witte
München

Im Namen des MÜNCHNER KREISES eröffne ich den Kongreß

TELEKOMMUNIKATION FÜR BILDUNG UND AUSBILDUNG.

Die Veranstaltung findet in Kooperation mit der Visodata 80 statt. Sicherlich ist der Münchner Kreis kein Fachverband für Bildungs- und Ausbildungsfragen, er vereinigt vielmehr übernational Vertreter der Wirtschaft, der Medien und der Politik und fühlt sich gerade durch die Verschiedenheit der Betrachtungsweisen berechtigt und verpflichtet, auch aktuelle Bildungsprobleme zu diskutieren.

Die Misere im Bereich der Energiepolitik zeigt deutlich, wie notwendig es ist, die Auswirkung technischer Innovationen rechtzeitig und gemeinsam zu durchdenken, um bereits in der Planung von Kommunikationssystemen Konfliktpotentiale abzubauen.

Deshalb hat der Münchner Kreis in den letzten Jahren eine Reihe von Symposien veranstaltet, z. B.

- Kommunikation und Demokratie (1976)
- Zweiweg-Kabelfernsehen (1977)
- Elektronische Textkommunikation (1978)
- Telekommunikation für den Menschen (1979)

Für den Oktober 1980 ist der Kongreß "Kommunikation über Satelliten" anzukündigen.

In dem Symposium "Telekommunikation für den Menschen" haben wir den Bildungs- und Ausbildungsbereich bewußt ausgespart. Wir waren der Meinung, daß der Einsatz von Kommunikationssystemen im Bildungsbereich weitreichende Konsequenzen mit sich bringen wird und aufgrund der besonderen Aktualität eine eigene Veranstaltung rechtfertigt.

Nach dem Ende der Bildungseuphorie der sechziger Jahre widmet man sich jetzt der Bestandsaufnahme und Neuorientierung in der Bildungspolitik. Vielleicht ist heute der geeignete Zeitpunkt, nüchtern über den Einsatz von Instrumenten zu diskutieren, die hilfreich sein können, die Ausbildungsprobleme der achtziger Jahre zu meistern, insbesondere der Verbesserung der Berufsausbildung und der Erwachsenenbildung überhaupt dienen.

Die vor der Einführung stehenden neuen Telekommunikationssysteme bieten sich als bildungspolitische Instrumente an. Im Bereich des Abrufs von Textinformationen sei auf Videotext und Bildschirmtext verwiesen (bzw. Kabeltext in einem Breitbandkabelnetz). Der Dialogform des Lehrkontaktes wird insbesondere das Zweiweg-Kabelfernsehen gerecht. Durch eine computergestützte, audiovisuelle Telekommunikation können Ausbildungsverfahren eingesetzt werden, die die heutigen Möglichkeiten bei weitem überschreiten und insbesondere Raum und Zeit überbrücken. Die Versuche der National Science Foundation in den USA in Spartanburg, Rockford und Reading zeigen ermutigende Ansätze.

Die Vorträge zum Einsatz von Telekommunikationsmedien im Bildungswesen der Bundesrepublik Deutschland versprechen uns eine reichhaltige Ernte von Problemen. Wollen wir hoffen, daß wir durch Ihre möglichst engagierte und kritische Diskussion zu gemeinsamen Lösungen kommen werden.

Einleitungsvortrag
Introduction

Dr. K. H. Vöge
Berlin

Meine Damen und Herren,

"Der Maßstab für den Wert einer Gesellschaft ist nicht ihr materieller Wohlstand, sondern ihre Bildung und Ausbildung" hat Ulrich Lohmar vor knapp 10 Jahren als Geleitwort eines Handbuches der pädagogischen Technologie formuliert.

Die Wechselwirkung also zwischen Bildungsniveau und Zukunftschancen macht deutlich, wie hoch die gesellschaftlichen Auswirkungen verstärkter Bildungsbemühungen eingeschätzt werden müssen. Das gilt - so meine ich - heute mehr denn je. Vor knapp 10 Jahren, das war jene Zeit als man bei uns an einen Schulcomputer wie Bakkalaureus dachte und schon von der Videobildplatte träumte. In den USA wurden damals mit großem Aufwand spezielle Telekommunikationssysteme für Bildung und Ausbildung entwickelt, etwa bei der Firma IBM, auch bei Control Data, oder aber auch mit Unterstützung der National Science Foundation bei Mitre Corp. Daneben wurde zu jener Zeit versucht, kommerziell oder administrativ bestimmte zentralisierte Rechenzentren für Unterrichtszwecke mitzubenutzen. Wir alle wissen, daß keinem dieser Ansätze ein breiter Druchbruch im Bildungs- und Ausbildungswesen gelang, nicht zuletzt wegen der hohen Investitions- und Betriebskosten.

Neuerdings nun freilich scheint durch das Auftreten von bezogen auf ihre Leistungen unglaublich kostengünstigen Klein- und Kleinstrechnern, beispielsweise Personal- oder Homecomputern mit heute noch 8-Bit Mikroprozessoren und einfach tauschbaren Massenspeichern für wenige Tausend Mark, eine ganz neue Situation entstanden zu sein. Der doch von uns allen miterlebte erfolgreiche Durchbruch beispielsweise des Taschenrechners im Bildungswesen ist sicherlich von Ihnen auch verfolgt worden, vielleicht sogar vorort miterlebt worden. Die schnelle Penetration hat größere Probleme für den Rechenunterricht geschaffen.

In der Bundesrepublik wird z. Zt. intensiver untersucht, wie ein preiswerter, autonomer Schulrechner - jeweils einem Lernenden zugeordnet - aussehen müßte. Und es ist, glaube ich, für die Situation typisch, daß keines der von der Industrie für den Personal- und den Homecomputermarkt angebotenen Modelle die Spezifika für einen Schulrechner erfüllt. Insbesondere deshalb nicht, weil die Unterstützung der sogenannten Courseware oder Software, d. h. der Anwendungen unzureichend ist. Und dies gilt sowohl für das Herstellen von Anwendungsprogrammen auf solchen Rechnern als auch für die notwendige Unterstützung bei der Wirkung der Programme.

Trotzdem - interaktive, individuell nutzbare Telekommunikationssysteme mit vielleicht größeren Rechnern, mit größeren Speichern wie beispielsweise Bildplattenspeichern und Kommunikationsvorrichtungen zum Datenaustausch untereinander oder mit Zentralen kündigen sich an. In diesen Zusammenhang gehören auch, trotz ihrer beschränkten Möglichkeiten, Systeme wie der Bildschirmtext.

Die notwendige Diskussion zwischen Pädagogik und Informationstechnik findet jedoch kaum statt. Warum eigentlich nicht? Warum haben Schule, Hochschule, betriebliche Ausbildung und Erwachsenen-Weiterbildung ein nach wie vor zurückhaltendes Verhältnis zur Informationstechnik? Warum ist Informationstechnik aus industrieller Sicht so ungleich viel schwerer herstellbar als beispielsweise Kommunikationstechnik?

Langt es zu antworten, daß

- die Gewerkschaften den Junglehrern Arbeitsplätze sicherstellen müssen oder
- die heutigen Lehrenden im Bildungswesen kaum Ausbildung für den Umgang mit Informationssystemen hatten oder
- die Einführung neuer informationstechnischer Systeme auf dem freien Markt viel schneller und damit attraktiver läuft als bürokratische Neuordnung von Lehrplänen oder
- die Ausstattung der Schulen mit Informationtechnik von den Kommunen nur unzureichend unterstützt wird, weil diese der Meinung sind, daß sich die Länder daran zu beteiligen hätten?

Ich glaube, daß wir alle noch viel mehr Gründe kennen, warum das so ist. Ich glaube aber auch, entschuldigen läßt sich damit später recht wenig. Denn wir alle sind in diesem Spannungsfeld schon heute Betroffene als Lehrende, als Lernende, als Anwender oder Hersteller oder auch einfach als Elternteile.

Im Namen des kleinen Vorbereitungsausschusses möchte ich Sie deshalb ganz besonders herzlich zu dem sicherlich nicht einfachen Thema dieses Kongresses "Telekommunikation für Bildung und Ausbildung" begrüßen und möchte Sie um eine rege Mitarbeit bitten.

Die zwei Halbtage, die uns zur Verfügung stehen, können wirklich nur als eine Eröffnung eines längeren, erneuten, öffentlichen Nachdenkens zur Telekommunikation für Bildung und Ausbildung gerechtfertigt sein. Dazu ruft der Münchner Kreis alle Verantwortlichen wohlwissend um die unter Umständen drohende Lernkatastrophe heute auf.

Das Konzept unseres Kongresses enthält vier wesentliche Bausteine:

- Zwei Übersichtsvorträge - Pro und Contra - die sich jetzt unmittelbar anschließen werden,
- sechs Vorträge zu konkret erfahrenen Beispielen des Einsatzes von Telekommunikation in Bildung und Ausbildung,
- eine Podiumsdiskussion zwischen Experten und Ihnen, dem Auditorium, und
- last not least, die hoffentlich intensive gemeinsame Diskussion.

Ich danke Ihnen zunächst für Ihr Interesse.

Möglichkeiten von Informations- und Kommunikationstechnik in den 80er Jahren
Possibilities offered by Information and Communications Technology during the 80's

Prof. Dr. K. Haefner
Bremen

Gliederung

1. Entwicklung von Information, Informationsverarbeitung und Telekommunikation
2. Der "informierte Mensch" der 80er Jahre
3. Strukturelle Konsequenzen für das Bildungswesen
4. Literatur

Die Entwicklung der informationellen Umwelt des Menschen wird charakterisiert, insbesondere werden der Informationszuwachs, die Speicherdichten, die Rechengeschwindigkeit, die Datenübertragungsraten und der Kostenverfall erörtert. Konsequenzen dieses Wandels für das Bildungswesen werden mit dem Ziel untersucht, Vorschläge für eine Weiterentwicklung des Bildungswesens zu machen.

1. Entwicklung von Information, Informationsverarbeitung und Telekommunikation

Die ersten beiden Vorträge dieses Kongresses sind bewußt als Gegensatz geplant. Während Prof. Dohmen stärker den traditionell-humanistischen Standpunkt in den Vordergrund stellen wird, will ich mir den Mantel des Technokraten umlegen, um deutlich zu machen, wie drastisch sich die informationelle Umwelt des Menschen in seiner Geschichte -und insbesondere in den letzten Jahrzehnten- gewandelt hat. Damit soll deutlich werden, daß Bildung und Ausbildung sich morgen an einer gewandelten Welt zu orientieren haben.

Der drastische Umbruch in Verfügbarkeit und Verarbeitbarkeit von Information mittels technischer Systeme außerhalb des menschlichen Gehirns, ist die Ursache für den vor uns liegenden Wandel im Bildungswesen: Die Rolle des Menschen als bisher einzigem Verarbeiter komplexer Information wandelt sich langsam, wenn zunehmend technische Informationsverarbeitung genutzt wird. Für das Bildungswesen ergibt sich hieraus ein neues gravierendes Problem:

> Wie muß das Bildungswesen den Menschen qualifizieren, wenn nun - nach intensiver "Automatisierung" manueller Tätigkeiten - der "geistige" Arbeitsbereich in gleicher Intensität automatisiert wird?

Um zunächst die Veränderungen in der informationellen Umwelt näher zu beschreiben, werden in den Abbildungen 1 bis 5 wichtige Trends dargestellt.

Den rapiden Zuwachs der Information zeigt die Abbildung 1.

Während das Wissen der Menschheit, welches auf Datenträgern verfügbar war, bis ins Mittelalter nur sehr langsam wuchs, haben wir seit der Renaissance einen steileren Anstieg; seit einigen Jahrzehnten verdoppelt sich der Bestand an gespeichertem Wissen alle sieben Jahre. Heute können wir von einem Gesamtvolumen von ca. 10^{16} Zeichen alphanumerischer Information ausgehen. (Würde ein einzelner Mensch versuchen, diese Information zu lesen, so wäre er bei einer Lesegeschwindigkeit von 36.000 Zeichen/Std. theoretisch ca. 3×10^{11} Std. oder 10^8 Jahre beschäftigt, um diesen Informationsbestand einmal zu lesen!) Eine weitere Informationsexplosion ist insbesondere deswegen zu erwarten, weil mehr und mehr Information auch von Rechnern erzeugt wird.

Die Verdichtung der Speichermedien zeigt Abbildung 2. Sie läßt erkennen, daß uns die Informationstechnik heute in den Stand versetzt, riesige Informationsmassen auf kleinem Raum verfügbar zu halten: Während vor zwei Jahrzehnten noch gewaltige Gebäude notwendig waren, erkennt man, daß die Gesamtmenge alphanumerischer Information (10^{16} Zeichen) z.B. mittels optischer Massenspeicher-Techniken auf $10^{16} \times 10^{-5} = 10^{11}$ mm^3 = 10^8 cm^3 = 100 m^3 untergebracht werden könnte; dies ist ein Raum der Größe 10 x 4 x 2,5 m.

Den gewaltigen Anstieg der Informationsverarbeitungsgeschwindigkeit zeigt die Abbildung 3 am Beispiel der Addition. Wollte ein Mensch "im Kopf" die Additionsleistung nachvollziehen, die ein heutiger Jumbo-Rechner in 1 Sekunde erledigt, so wäre er ca. 10^7 Sek. oder ca. 1 Jahr beschäftigt. Ähnlich liegt der Vergleich für viele andere "einfache Operationen". Aber z.B. bei der Mustererkennung ist das Gehirn heute noch sehr viel schneller und zuverlässiger als der Rechner (sowohl Sprache wie Gesichtseindruck). Verdichtete Mikroprozessoren und Multi-Mikroprozessoren lassen einen weiteren Anstieg der technischen Verarbeitungsgeschwindigkeit erwarten.

Den unerhörten Zuwachs in der Übertragungsgeschwindigkeit von Information zeigt Abbildung 4: Dem zu Pferd zu transportierenden Buch tritt heute das Glasfaserkabel mit Transportgeschwindigkeiten von 10^{10} Zeichen (ca. 3000 Bücher) pro Sekunde gegenüber.

Den mit der Leistungssteigerung Hand in Hand gehenden Kostenverfall gibt schließlich die Abbildung 5 wieder: Kostete eine von Hand kopierte Bibel noch einige Tausend Mark, so liegt eine Buchkopie auf Massenspeichern heute im Pfennigbereich (wenn man nur das Medium und die Reproduktionskosten rechnet). War die Erledigung von 10^6 Additionen bis zur Erfindung mechanischer Rechner noch ein kostspieliges Unternehmen, so braucht man heute nur noch Bruchteile einer Mark für die eigentlichen Prozeßkosten aufzubringen. Massenfertigung und Höchstintegration werden die Kosten weiter runterbringen.

2. Der "informierte Mensch" der 80er Jahre

Der angedeutete Wandel in der "informationellen Umwelt" des Menschen wird sich im nächsten Jahrzent festsetzen, zumindest ist heute nicht erkennbar, welche gesellschaftlichen Kräfte die Entwicklung drastisch verändern könnten. Es erscheint daher sehr wahrscheinlich, daß der Mensch der 80er Jahre in einer sich stetig verändernden Informationslandschaft leben wird:

- Menschliche und technische Informationsverarbeitung kann auf individueller Basis komplementär organisiert werden.
- Es entsteht eine Infrastruktur zum schnellen Informationszugang und zur digitalen Telekommunikation ("kognitives Straßennetz").
- Der Mensch nutzt ein Persönliches Informations- und Telekommunikations-System (PITS) und erreicht damit eine kognitive Mobilität, die mit der des Autos im Bereich der physischen Mobilität vergleichbar ist.

Eine derartige Erweiterung individueller Informationsverarbeitungsleistung, wie sie für den kleinen Teilbereich "Rechnen" heute bereits durch Taschenrechner realisiert ist, erscheint möglich, wenn ein PITS folgende Eigenschaften hat:

- Hardware: Modularer Aufbau, Tastatur, Spracheingabe, hochauflösender flacher Bildschirm, Sprachausgabe, Multimikrocomputer, großer Massenspeicher und Telekommunikationsbaustein.
- Software: Kommunikationssprache (jenseits von Programmiersprache), Frage-Antwort-System, Auftragssystem und Anwendersoftware-Bibliothek.

Heute bereits verfügbare Taschencomputersysteme (z.B. Sprachübersetzer, BASIC-Systeme) und Heimcomputer zeigen in diese Richtung.

Allerdings kann der Einzelne derartige persönliche Systeme nur nutzen, wenn sie eingebettet sind in eine angemessene Infrastruktur, die die Informationsversorgung sicherstellt und die notwendige Telekommunikation unterstützt. Die Grundideen für ein "Integriertes System des Informationszuganges und der Telekommunikation" (ISIT), welches dies ermöglicht, lassen sich wie in Abbildung 6 zusammenfassen:

(1) Information kann in "individuelle" und "globale" Information aufgeteilt werden.

(2) Globale Information enthält "stabile" und "aktuelle" Information.

(3) Informationszugang kann über Massenspeicher (z.B. optische Massenspeicher) oder über Netze erfolgen.

(4) Eine grundsätzliche Verbesserung des Zugangs fordert technische Ergänzung des Gehirns.

(5) Struktureller Aufbau eines digitalen "Zentrums der Information".

(6) Informationsverarbeitung mit dem PITS und

(7) ein Informationszugangsrecht, welches das Recht auf Ausbildung ergänzt.

Einen Überblick über die Struktur des ISIT und den Informationsfluß gibt die Abbildung 6.

Es wird davon ausgegangen, daß die produzierte Information über kurz oder lang digital gespeichert wird und damit entweder unmittelbar (über Telefonleitung) oder aber auf Massenspeicher für den einzelnen verfügbar ist. Das Bildschirmtext-System der Bundespost, welches jetzt in Erprobung ist, stellt einen wichtigen Schritt in dieser Richtung dar. Die Video-Langspielplatte (VLP) als billiger Massenspeicher erlaubt die physische Verteilung großer Informationsmengen (sowohl alphanumerisch als auch auditiv und visuell repräsentiert).

3. Strukturelle Konsequenzen für das Bildungswesen

Der rasche Wandel in der informationellen Umwelt des Menschen der 80er Jahre und insbesondere die langsam entstehende Verfügbarkeit eines ISIT (bzw. dessen Bausteine) wird für Lehren und Lernen mannigfaltige Konsequenzen haben. Hier seien nur einige Aspekte schlagwortartig zusammengefaßt:

- Die Nutzung der Informationstechnologie beim Lernen wird zunehmen: Fernlernen mit Medien, Computerunterstützter Unterricht, Unterstützung von Problemlösungen (z.B. Computer Aided Design), der Rechner übernimmt Organisation von Unterricht.
- Curriculare Konsequenzen: Unmittelbare, z.B. durch veränderten Informationszugang, veränderte Informationsverarbeitung/Problemlösung und Computerunterstützten Unterricht.
  Mittelbare, z.B. durch veränderte Berufsqualifikationen, verändertes Freizeitverhalten und veränderte demokratische Beteiligung des Bürgers an vielen Sachfragen durch Nutzung des ISIT.
- Veränderung der Rolle des Lehrers: Weniger Informationsvermittlung, mehr Rolle des "Informationslotsen", starke Forderungen an die Vermittlung "menschlicher" Zielsetzungen, mehr Erzieher (aber wie?) und veränderter Prüfungsstil.
- Neue Ziele für das Bildungswesen: "Informierter" Mensch als souveräner Nutzer der Informationstechnik, Notwendigkeit der Vermittlung eines neuen menschlichen Selbstverständnisses, neue Einstellung zu Verantwortung und Kompetenz und die Betonung sozialer Ziele.

Alle diese Wirkungen gemeinsam betrachtet, lassen erkennen, daß wir bei einer weiteren Penetranz der Informationstechnik in alle Bereiche menschlichen Lebens mit einer ernsten Krise im Bildungswesen zu rechnen haben. Es sollten heute bereits Bemühungen angestellt werden, die "neue Bildungskrise" zu vermeiden.

Folgende Schritte erscheinen so bald wie möglich notwendig, insbesondere, wenn man sich vergegenwärtigt, daß das Bildungswesen in der Regel mit einem Planungshorizont von fünf bis sieben Jahren arbeitet:

- Das Problem verstehen: Es ist außerordentlich wichtig, daß die Konsequenzen einer sich rasch entfaltenden und verbreitenden Informationstechnik für das Bildungswesen im Detail analysiert und den Beteiligten vermittelt werden. Hierzu wird es unabdingbar sein, geeignete Kommissionen auf Bund-Länder- und auf Landes-Ebene einzusetzen.
- Modellversuche sind bald zu starten, die die Informationstechnik in ihren verschiedenen Nutzungsaspekten breit in den praktischen Unterricht integrieren und damit reales Anschauungsmaterial und aktive Lernprojekte schaffen.
- Neue Curricula und Ausbildungsordnungen sind modellartig zu entwerfen und zu erproben, die den durch die Informationstechnik bedingten Wandel an Lerninhalten berücksichtigen. Hierbei ist zu beachten, daß es Fehler gibt, wo die unmittelbaren Wirkungen groß und direkt sind und solche, wo eher unmittelbare Konsequenzen zu erwarten sind (z.B. Einfluß eines verfügbaren Sprechschreibers auf die Fähigkeit, orthografisch richtig schreiben zu können).

4. Literatur

(1) Deutsche Bundespost: Bildschirmtext, Bonn 1977

(2) Committee on Science and Technology (The House of Representatives): Computer in the Learning Society. Nr. 47, Washington 1978

(3) Haefner, K.: Der große Bruder - Gefahren und Chancen für die Informierte Gesellschaft, Düsseldorf 1980

(4) Haefner, K.: Konzept für ein Integriertes System des Informationszugangs und der Telekommunikation (ISIT). HHI, Berlin 1978

(5) Haefner, K., Issing, L. und V. Preuß: Breitbandkommunikation im Bildungswesen. BMFT-Serie, T76-76. ZLDI, München 86, 1976

(6) National Science Foundation: Technology in Science Education. NSF Washington, July 1979

(7) Martin, J.: The Wired Society. Prentice-Hall. Eaglewood Cliffs 1978

(8) Molnar, A.R.: National Policy Toward Technological Innovation and Academic Computing. The Journal, Vol. 4, 39 (1977). Und: The Next Great Crisis in American Education: Computer Literacy. The Journal, Vol. 5, 32 (1978)

(9) Nora, S. und Minc, A.: Die Informatisierung der Gesellschaft. Frankfurt 1979

(10) Seidel, R. and Rubin, M. (Ed.): Computers and Communication - Implications for Education. New York 1977

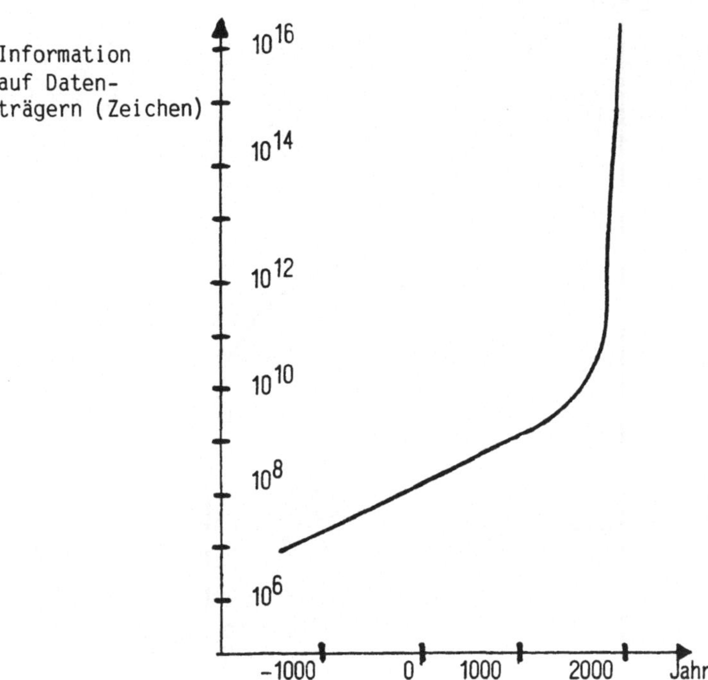

Abbildung 1: Zuwachs der alphanumerischen Information in den letzten 3000 Jahren.

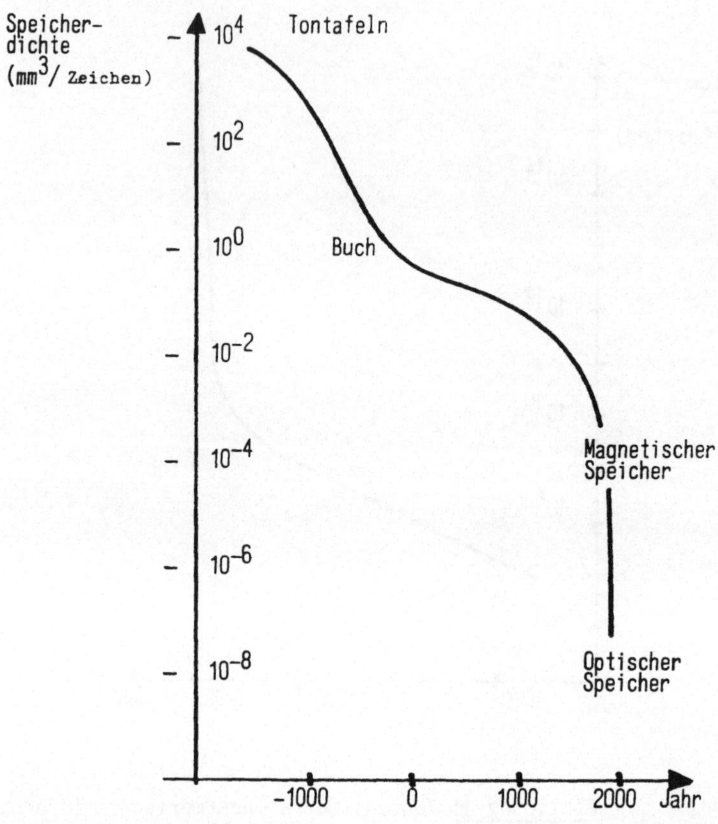

Abbildung 2: Abnahme des zur Speicherung von Information notwendigen Volumens in den letzten 3000 Jahren

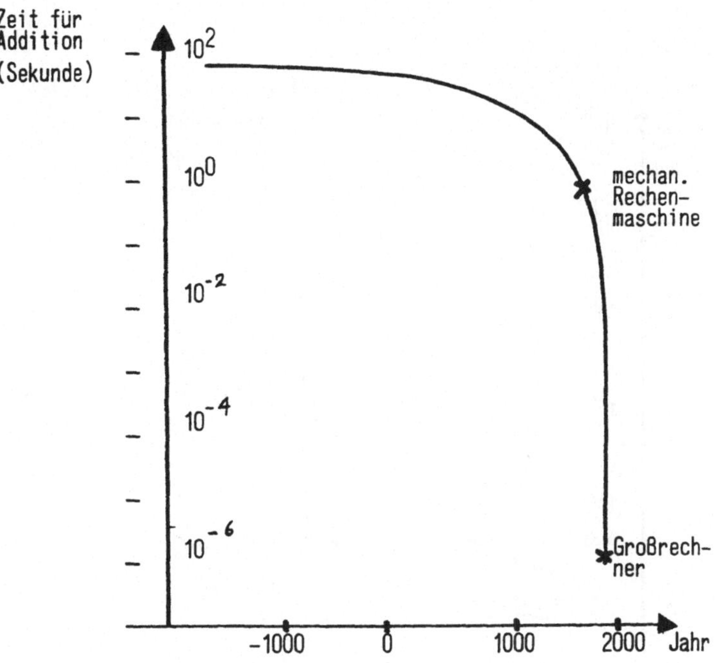

Abbildung 3: Abnahme der zur Ausführung einer Addition (z.B. 23375 + 618239) notwendigen Zeit

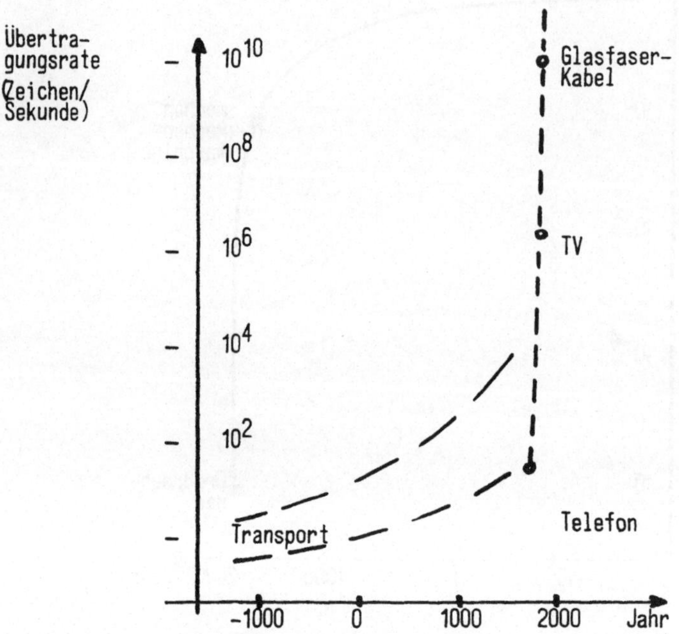

Abbildung 4: Zunahme der Datenübertragungsgeschwindigkeit in den letzten 3000 Jahren. (Betrachtet wird hier die Übertragung über längere Strecken)

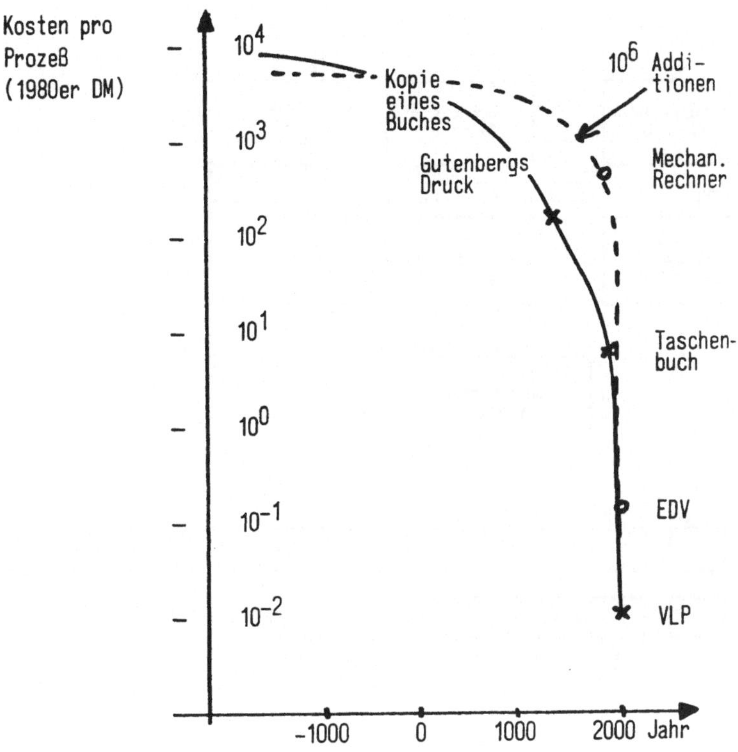

Abbildung 5: Der Kostenverfall im Umgang mit Information. Die ausgezogene Kurve gibt die Kosten für das Kopieren eines Buches wieder, während die gestrichelte Kurve die Kosten für 10^6 Additionen darstellt.

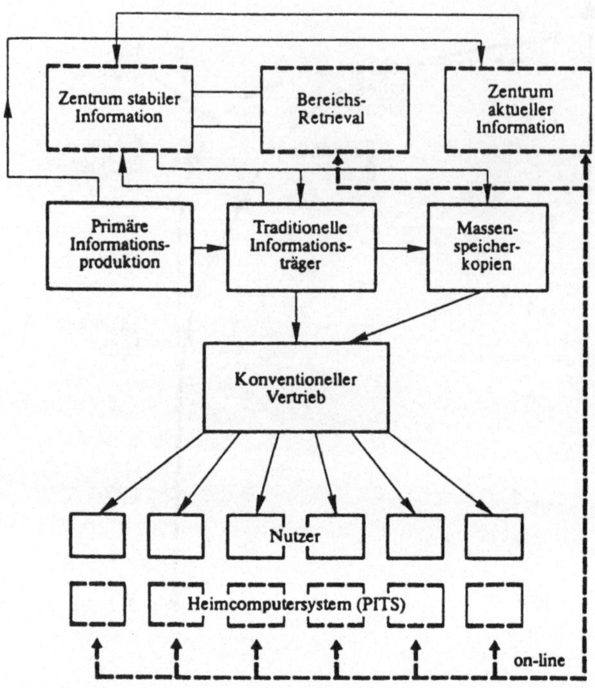

Abbildung 6: Übersicht über das Integrierte System des Informationszuganges und der Telekommunikation (ISIT).

▭ = organisatorische Komponenten,
⬚ = Hardware-Komponenten,
---> = elektrischer On-line-Informationsfluß (z.B. im Bildschirmtext-System)

Bildungsprinzip und Telekommunikation
Education Principle and Telecommunication

Prof. Dr. G. Dohmen
Tübingen

Ich habe es übernommen, hier als eine Art Contra-Anwalt einige pädagogische Bedenken und Forderungen zur Entwicklung der modernen Medientechnik zu formulieren.

Wenn sich Pädagogen mit den Problemen der modernen Telekommunikation befassen, dann liegt es nahe, daß sie dabei von dem Prinzip der "Bildung" als eine Art archimedischem Ausgangspunkt ausgehen. Wir stellen die Frage: Was kann die moderne Telekommunikation zur Verbesserung der Bildung der Menschen beitragen ?

Die Beantwortung dieser Frage aber setzt voraus, daß wir uns zunächst über die Bedeutung des Begriffs "Bildung" verständigen.

Dieser schillernde, mehrdeutige Begriff der Bildung hat einen klassischen prinzipiellen Kern, der für unsere Problemstellung wichtig ist; Bildung beruht nämlich wesentlich auf dem Prinzip der persönlichen Informationsverarbeitung.

Ich möchte dies an einem etwas zugespitzten Beispiel verdeutlichen und greife dazu - rollenkonform - auf ein Goethe-Zitat zurück.

Goethe läßt seinen Wilhelm Meister (im 1. Buch von "Wilhelm Meisters Wanderjahre") klagen: "Ich habe ...... gefunden, daß diese Mittel, wodurch wir unseren Sinnen zuhilfe kommen, keine sittlich günstige Wirkung auf den Menschen ausüben. Wer durch Brillen sieht, hält sich für klüger als er ist, denn sein äußerer Sinn wird dadurch mit seiner inneren Urteilsfähigkeit außer Gleichgewicht gesetzt; es gehört eine höhere Kultur dazu, derer nur vorzügliche Menschen fähig sind, ihr Inneres, Wahres, mit diesem von außen herangerückten Falschen einigermaßen auszugleichen." Und dann stellt Goethe im Hinblick auf die künstlichen Brillen, Fernrohre und andere Instrumente fest: "Ich sehe mehr als ich sehen sollte, die schärfer gesehene Welt harmoniert nicht mit meinem Innern".

Was Goethe hier artikulliert hat, ist, wenn man einmal von den historisch bedingten Einkleidungen absieht, die Überzeugung, daß die Urteilsfähigkeit und die sittlichen Kräfte des Menschen im allgemeinen nur ausreichen, um seine unmittelbaren sinnlichen

Wahrnehmungen und Erfahrungen einigermaßen zu verkraften. Die künstlichen Erweiterungen des natürlichen Wahrnehmungs-, Wirkungs- und Erfahrungskreises durch technische Hilfen, Instrumente, Waffen etc. bringen dagegen den Menschen leicht aus dem Gleichgewicht. Der homo faber kann sich zwar klüger und mächtiger vorkommen wegen der Erweiterung seiner Sinne und Kräfte durch technische Geräte, aber seine Verarbeitungs- und Urteilsfähigkeit kann damit u. U. nicht Schritt halten. Damit sind wir aber direkt beim Problem der "Bildung". Denn Bildung beruht nach dem klassischen Bildungsprinzip, das auch in dem Goethe-Zitat anklingt, wesentlich darauf, daß der Mensch Eindrücke, Erfahrungen, Informationen, die von außen auf ihn zukommen, geistig verarbeiten und in seinen Verstehenszusammenhang integrieren kann.

Nach dieser Auffassung bedingt die Bildung des Menschen ein bestimmtes Maß des Menschlichen, des Menschengemäßen, des dem Menschen und seiner begrenzten geistigen und sittlichen Kraft Angemessenen und Zuträglichen.

Die "Bildung" des Menschen ist nach dieser klassischen Bildungstheorie aber auch nicht einfach das Ergebnis einer autonomen Selbstentfaltung vorgegebener menschlicher Anlagen. Zur Bildung gehört immer auch eine Erweiterung des Horizonts und der natürlichen Möglichkeiten des Menschen durch Einwirkungen und Anforderungen von außen. Humane Bildung vollzieht sich aber dann nur dort, wo das von außen Kommende, die natürlichen Möglichkeiten des Menschen Erweiternde, dann vom Menschen auch geistig-sittlich verkraftet oder, wie Goethe sagt, "ausgeglichen" werden kann.

Informationen können demnach nur insoweit für die menschliche Bildung fruchtbar werden, als sie menschliche Dimensionen haben und vom Menschen sinnvoll verarbeitet, d. h., in seinen geistigen Vorstellungs- und Gedankenkreis integriert werden können. Wenn dagegen die Art, die Menge und die Vielfalt der Informationen das Maß dessen übersteigen, was der Mensch noch persönlich verarbeiten, in den Zusammenhang seiner Vorstellungen, Gedanken und Erfahrungen sinnvoll einbeziehen kann, dann sind nach dieser Bildungstheorie solche Informationen für die Bildung des Menschen unfruchtbar oder gar schädlich.

Die Schädlichkeit ergibt sich dabei vor allem daraus, daß, wie Goethe sagt, das sittliche Gleichgewicht des Menschen zerstört wird. Wir würden heute vielleicht sagen, daß seine Identität gefährdet und die Selbstentfremdung des Menschen gefördert wird. Eine Informationsflut, die eine solche "bildungsfeindliche" Wirkung hat, müßte demnach um der Selbstbehauptung des Menschen in einer menschlichen Welt willen eher abgewehrt und ferngehalten werden. Soweit das an Goethe exemplierte klassische pädagogische Bildungsprinzip.

Nun stellt sich für uns die Frage: Ist dieses klassische humane Bildungsprinzip falsch, überholt, oder ist es (von seinen zeitbedingten Formen abgesehen) in seinem Kern noch gültig? Wieweit steckt in ihm eine bleibende anthropologische Wahrheit?

Wir stehen vor dem Problem, ob z. B. die Informationsflut der modernen Massenmedien nicht unsere geistige Verarbeitungsfähigkeit überfordert - weshalb dann z. B. das Fernsehen zum Gesprächstöter, zur Droge, zur Quelle verschiedener psychischer Schäden wie Konzentrationsstörungen, Realitätsverlust etc. werden kann.

Und wir fragen weiter: Hängt nicht das Suchen vieler Menschen heute nach alternativen, menschlicheren Lebensformen, hängen nicht die zunehmenden Fluchtversuche unserer Jugend aus der hochkomplexen, ihnen unmenschlich erscheinenden Welt technisch-industrieller Großorganisationen in die ökologischen Nischen vertrauter Subkulturen mit einfachen handwerklichen, bäuerlichen oder künstlerischen Tätigkeiten und Lebensverhältnissen, hängt nicht diese ganze Flucht in regressive alternative Lebensformen u. a. auch mit diesem klassischen Bewußtsein von einem notwendigen Maß des Menschlichen, des Menschengemäßen zusammen?

Wir Menschen sehnen uns offenbar nach einer Umwelt, die durch Proportion und Struktur unseren Sinnesorganen, unserer Vorstellungskraft, unserer Intelligenz, unserem Mitgefühl, unserer Phantasie etc. entspricht, in der wir uns zu Hause fühlen und in der sich unsere Bildung auf natürliche Weise durch persönliche Erfahrungsverarbeitung vollziehen kann, in der wir dann auch nicht unser Gleichgewicht verlieren, sondern der wir geistig und sittlich gewachsen sind.

Andererseits aber können wir uns in einer hochkomplexen Welt, in der fast alles mit allem vielfältig verflochten ist, pädagogisch schon lange nicht mehr auf das Lernen aus unmittelbarer eigener Sinneserfahrung verlassen. Wir brauchen heute gerade auch um der menschlichen Selbstbehauptung willen eine Fülle zusätzlicher Sekundärinformationen über das nicht im eigenen Lebenskreis direkt Erfahrene. Wir brauchen eine planmäßige Aufklärung über die Zusammenhänge und die übergreifenden Strukturen der Welt, in der wir leben, um nicht in einem wirren Strudel unverstandener Wirkungsfaktoren blind hin- und hergeworfen zu werden und als selbständige Personen unterzugehen.

Der Deutsche Ausschuß für das Erziehungs- und Bildungswesen, der durchaus noch in der klassischen Deutschen Bildungstradition stand, hat 1960 den sog. "Gebildeten" als einen Menschen definiert, "der in der ständigen Bemühung lebt, sich selbst, die Gesellschaft und die Welt zu verstehen und diesem Bemühen gemäß zu handeln."

D. h.: Bildung beruht demnach auf dem Bemühen um das Verstehen der Zusammenhänge, in denen man als Mensch lebt. Je weiter und komplexer aber diese Zusammenhänge werden, desto mehr Informationen müssen dann auch aufgenommen und verarbeitet werden, um ein auf persönlichem Verständnis beruhendes sinnvolles Handeln des Menschen in dieser Welt zu ermöglichen.

In diesem Sinne ist das skizzierte Bildungsprinzip auch heute noch gültig.

Hier stellt sich nun die Grundfrage, ob und wann ein vom Menschen noch verkraftbares Maß an Informationen erreicht bzw. überschritten wird, wie weit leistungsfähigere nachrichtentechnische Systeme der Informationsspeicherung und Informationsverarbeitung als technische Hilfe (als "Brillen" im übertragenen Goethe'schen Sinne) genutzt werden können und sollen und welche Folgen dies für das innere Gleichgewicht des Menschen und damit für eine humane Bildung haben wird.

Für die Suche nach einer Antwort auf diese Frage ist m. E. eine grundlegende Einsicht wichtig: Bei dem Problem der Überforderung des Menschen durch unangemessene Informationsfluten kommt es nicht so sehr auf die absolute Menge der Informationen, sondern mehr auf den Sinnzusammengang, den Bedeutungszusammenhang dieser Einzelinformationen an, d. h. auf eine persönlich verstehbare Verbindung, Ordnung, Struktur der Informationen, durch die u. U. auch eine größere Informationsfülle noch für den Menschen bildungsmäßig verkraftbar werden kann.

Wo der Mensch aber einer Flut von unzusammenhängenden Informationsbruchstücken ausgeliefert ist, die er nicht mehr persönlich verstehen, nicht mehr in seinen Erfahrungs-, Vorstellungs- und Denkzusammenhang integrieren, d. h., nicht mehr geistig verarbeiten kann, da wird diese Informationsflut in der Tat bildungsfeindlich und da kann sich dann auch um der Selbstbehauptung des Menschen als Person willen zunächst einmal ein emotionaler Widerstand gegen die technischen Medien, die diese disparate, nicht mehr menschengemäße Informationsfülle ausspucken, entwickeln. Ein System der Informationsspeicherung und Informationsausgabe, das die Dimension des menschlich Integrierbaren sprengt und das für die Menschen unheimlich wird, weil seine Wirkungen nicht mehr persönlich bewältigt werden können, dient nicht mehr der Bildung, sondern eher der Selbstentfremdung des Menschen. Der aus einer solchen Überforderung und drohenden Entfremdung entstehende Widerstand kann dann eine verzweifelte Gegenwehr zur Bewahrung der persönlichen Identität des Menschen sein. Es entsteht dann auch leicht ein emotionaler Umschlag in schreckliche Simplifizierungen und eine Flucht aus der Überforderung durch eine nicht mehr zu bewältigende Komplexität in ideologische Heilslehren und neue Führerkulte. Insofern ist die Bewahrung eines bildenden Verhältnisses des Menschen zu seiner Welt angesichts der modernen Informationfluten und Informationstechniken eine Aufgabe von ganz zentraler Bedeutung - auch für die Zukunft unseres Staates und unserer Gesellschaft.

Es ist unter dem Aspekt des Bildungsprinzips gesehen eine legitime Frage, ob nicht die modernen Massenmedien tatsächlich im Begriff sind, bildungsfeindlich zu wirken und ob deshalb eine sprunghafte Ausweitung von Informations-Empfangs-Möglichkeiten dieser Art pädagogisch noch zu verantworten ist. Je mehr jedenfalls die Massenmedien die Tendenz haben, immer kürzere, unzusammenhängendere Informationsbrocken in immer reißerischerem Staccato hintereinanderzusetzen, desto mehr vergrößert sich das Spannungsverhältnis zum traditionellen humanen Bildungsprinzip.

Bildung fordert Konzentration, Rückbeziehung der Einzelinformationen auf Zusammenhänge, Integration - die Massenmedien aber fördern heute oft eher die Zerstreuung, die Anhäufung des menschlich Bedeutungslosen, den ablenkenden Wechsel von Unzusammenhängendem, den das Individuum vielfach gar nicht mehr ordnen, subsumieren, in einen persönlichen Verstehenszusammenhang bringen und damit für seine eigene Bildung fruchtbar machen kann.

Wohlgemerkt: Es geht hier nicht um die Massenmedien an sich - etwa in ihrem Beitrag zur Unterhaltung der Menschen. Unser Problem ist das Verhältnis der den Menschen mit nicht mehr persönlich sinnvoll verarbeitbaren Informationen überflutenden technischen Medien zum humanen Bildungsprozeß. Dazu vertrete ich hier die These, daß wir auf die Dauer nur dann eine fruchtbare Beziehung zwischen moderner Informationstechnik und pädagogischem Bildungsprinzip herstellen können, wenn wir das Spannungsverhältnis zwischen beiden nicht einfach verdrängen oder als eine Art moderne Maschinenstürmerei diffamieren, sondern wenn wir es im Bewußtsein behalten als Stachel, als Herausforderung, die uns dazu zwingt, neue Wege zu einer Telekommunikation im Dienste menschlicher Bildung zu suchen.

Ich kann hier im folgenden nur noch relativ allgemein andeuten, was mir dazu aus pädagogischer Sicht notwendig erscheint, d. h., welche pädagogischen Forderungen zur fruchtbaren Lösung des skizzierten Spannungsverhältnisses zwischen der modernen Nachrichtentechnik und dem pädagogischen Bildungsprinzip heute zu stellen sind und welche kritischen Alternativen in Zukunft unter pädagogischen Gesichtspunkten weiter zu entwickeln wären.

Grundlegend ist m. E. zunächst die schon erwähnte Einsicht, daß eine künstlich-technische Vermittlung von Sekundärerfahrungen und -informationen heute notwendig ist, weil die unmittelbare sinnliche Erfahrung des Menschen nicht mehr ausreicht als Grundlage für ein zureichendes Lebensverständnis. Die notwendigen Kenntnisse, Einsichten, Kategorien für die Lebensbewältigung müssen heute breiter, systematischer, rationeller, d. h. auch mit Hilfe künstlicher Systeme und technischer Medien, vermittelt werden. Im Grunde ist ja sogar die Schule selbst schon eine künstliche Vermittlungsinstitution, eine "Brille" im Sinne Goethes. Ein fachsystematischer Schulunterricht ist schon ein Schritt zum nicht mehr "natürlichen", sondern "entfremdeten" Lernen. Eine Vermittlung durch technische Medien wäre dann nur eine andere Form dieser künstlichen Vermittlung von Sekundärerfahrungen und horizonterweiternden Informationen. An die Stelle der Lehrer oder der Bücher treten dann nur andere nichtpersonale Medien, um die Bildungsinhalte zu vermitteln, die heute zur verständig-vernünftigen Lebensgestaltung notwendig sind. Das Problem besteht m. E. gar nicht so sehr darin, daß hier technische Medien als Vermittler in Bildungsprozessen fungieren, es kommt vielmehr darauf an, wieweit das, was hier an Sekundärerfahrungen vermittelt wird, mit den Primärerfahrungen der Menschen verbunden werden kann und etwas beiträgt zur Erweiterung des Verstehenshorizonts und der persönlich integrierten Verhaltensdispositionen des Menschen.

Eine zweite pädagogische Forderung bezieht sich auf den schwierigen Komplex der Informationsverarbeitung. Wir müssen davon ausgehen, daß eine angemessene Erschließung der wachsenden Informationsflut für eine individuelle Nutzung nicht mehr ohne die Hilfe elektronischer Informationsverarbeitungssysteme angemessen zu realisieren ist. Das heißt aber praktisch, daß die nötige Ordnung der Informationen unversehens zur Verarbeitung der Informationen wird und zwar zu einer Informationsverarbeitung, die wenigstens zum Teil nicht mehr vom Menschen, sondern von einem elektronischen Datenaufbereitungs-, -klassifizierungs-, -verarbeitungssystem übernommen werden muß. Das beginnt damit, daß Datenbanken mit einer vorgegebenen Klassifikation der Informationen und einer entsprechenden Suchstruktur entwickelt werden müssen. Da diese Datenbanken die Tendenz zu haben scheinen, zu einem immer größeren Verbundnetz kompatibler Einzelspeicher zusammenzuwachsen, wird dann wohl auch das Klassifikations- und Zugriffsystem immer mehr vereinheitlicht werden.

Damit wächst dann aber nicht nur die Manipulationsgefahr durch Zentralisierung und Monopolisierung des Datensystems sowie die Anfälligkeit gegen technische Störungen, Sabotage und mißbräuchliche Nutzung (Stichwort Datenschutz), sondern es entsteht auch ein Informationssystem, dessen Klassifikationsvorgaben u. U. dem Denken der Benutzer unangemessen sind. D. h. aber dann, daß das entsprechende Informationssystem mit seinen "Suchbäumen" für den persönlichen Bildungsprozeß unfruchtbar wird.

Allgemein gesagt: Wenn das, was ein Grundprinzip der persönlichen Bildung ist (nämlich die individuelle Verarbeitung von Informationen und die Integration in die eigenen menschlichen Vorstellungen und Gedankenzusammenhänge), abstrahiert, formalisiert, vereinheitlicht zu einem wesentlichen Teil auf elektronische Datenverarbeitungssysteme übertragen wird, dann stellt sich das große Problem, ob bzw. wieweit es eine Möglichkeit gibt, diese elektronische Datenverarbeitung so zu konstruieren, daß sie als eine Art Zwischenstufe der Vor-verarbeitung dann doch noch in menschlich-persönliche Informationsverarbeitungs- bzw. Bildungsprozesse einbezogen werden kann.

Dies ist grundsätzlich denkbar und vielleicht auch informationstechnisch möglich - aber es wird im einzelnen sehr darauf ankommen, wieweit es ganz konkret gelingt, diesen elektronischen Informationsverarbeitungen den Charakter einer nach transparenten Kriterien vorsortierenden, d. h. der persönlichen Informationsverarbeitung durch den Menschen nur vorarbeitenden und diese in offener, nichtmanipulativer Weise unterstützenden Dienstleistung zu geben. Mit anderen Worten: Die EDV muß zu einer der Bildung der Menschen dienenden Informationsverarbeitungshilfe werden.

Es handelt sich hier ja nicht nur um ein im engeren Sinn pädagogisches Problem. Dieses Problem hat auch weitreichende politische Dimensionen: Wer soll den z. B. die Verantwortung für politische Entscheidungen übernehmen, die aufgrund von Informationen gefällt werden, deren Vorauswahl auf eine für Politiker und Wähler undurchsichtige Weise durch ein anonymes elektronisches Datenverarbeitungssystem geleistet wurde? Wenn der Politiker oder der Wirtschaftler oder der Techniker oder allgemein der Bürger die Glaubwürdigkeit und die Wertigkeit der ihm zugelieferten Informationen und Informationszuordnungen und -verarbeitungen nicht mehr selbst beurteilen kann und wenn er nicht sicher sein kann, ob nicht von bestimmten Personen oder Agenturen eine einseitige Vorgabe oder manipulative Beeinflussung der informationsverarbeitenden Systeme vorgenommen wird - wie soll dann noch eine persönliche Vorstellungs- und Urteilsbildung und eine persönliche Verantwortung für entsprechende Entscheidungen möglich sein?

Soweit eine vorsortierende Informationserschließung für den der chaotischen Informationsflut sonst nicht mehr gewachsenen Menschen durch eine elektronische Informationsverarbeitung notwendig ist, muß diese deshalb auf eine für den Menschen transparente Weise nach den von ihm akzeptierten bzw. ausgewählten Kriterien geschehen. Dies scheint mir die conditio sine qua non, die unabdingbare Voraussetzung dafür zu sein, daß es zu einem pädagogisch vertretbaren Ausgleich zwischen elektronischer Informationsverarbeitung und persönlichem Bildungsanspruch kommt. Bei einem der Bildung des Menschen dienenden Einsatz der Telekommunikation muß der Mensch letztlich die Entscheidung und Verantwortung darüber behalten, welche Informationen für seine Verstehensbemühung und Urteilsbildung jeweils wie geordnet, gewertet und verarbeitet werden.

Dazu wäre ein sehr flexibles, adaptives Dokumentations-, Klassifikations- und Informationssystem nötig. D. h., die Dokumentation und Nutzungserschließung der verfügbaren Informationseinheiten müßte so "in Augenhöhe" angelegt werden, daß aufgrund bestimmter vom Benutzer zu artikulierender Bildungsbedürfnisse ein möglichst direkter Zugang zu entsprechenden Informationseinheiten möglich wird. Das Informationssystem muß dann nach vorgegebenen adaptiven Suchkriterien auf bestimmte Bedarfskonstellationen und Bildungszusammenhänge bezogene Baustein-Auswahl- und Kombinationsmöglichkeiten als Orientierungshilfen liefern; d. h., das Dokumentations- und Informationssystem muß nach allgemeinverständlichen Kriterien auf transparente Weise passende Bausteine und alternative Baupläne für die Informationsverarbeitung anbieten. Ob ein so flexibles bildungsfreundliches Informationsausgabesystem tatsächlich so zu organisieren ist, daß der Einzelne möglichst direkt das finden wird, was für ihn wichtig und das heißt in diesem Falle auch bildungsrelevant ist - dies ist die Gretchen-Frage der Pädagogik an die Informationstechnologie.

Erlauben Sie mir nun zum Schluß noch ein paar Hinweise zum direkten Einsatz der Telekommunikation im Bildungswesen selbst:

Die moderne Telekommunikation bietet sich m. E. vor allem an als eine Hilfe zur Verwirklichung des lebenslangen Lernens. Lebenslanges Lernen bedeutet ja in unserer Situation vor allem berufsbegleitendes Weiterlernen nach Abschluß der ersten Schul- und Ausbildungsphase. D. h., es müssen im Bereich der Weiterbildung ohnehin Vermittlungsformen gefunden werden, die den durch berufliche, familiäre und gesellschaftliche Verpflichtungen gebundenen Erwachsenen mehr entgegenkommen als der klassische Schul- und Hochschulunterricht. D. h., es muß dem Einzelnen ermöglicht werden, sich in freierer Zeiteinteilung ohne Bindung an einen bestimmten Lernort, eine bestimmte Gruppe, einen bestimmten Lehrer - z. B. auch zu Hause - weiterzubilden.

Gerade diese Möglichkeit einer orts-, zeit- und lehrerunabhängigeren Weiterbildung aber könnte vielleicht die moderne Telekommunikation bieten - und darauf sollte sich die entsprechende Entwicklung der spezielleren Bildungstechnologie auch in Zukunft besonders konzentrieren.

Die große didaktische Chance der Telekommunikation im Bildungsbereich liegt m. E. ganz generell darin, daß über das relativ starre traditionelle Unterrichtssystem hinaus orts-, zeit- und lehrerunabhängigere Phasen eines persönlich bestimmten Selbststudiums bzw. eines offeneren selbstbestimmteren Lernens ermöglicht werden können. Mit anderen Worten: Der Ausbau eines durch Telekommunikation angeleiteten und unterstützten <u>Selbststudiums</u> - dies wäre ein wesentlicher, im Einklang mit dem skizzierten Bildungsprinzip stehender Beitrag zur Verwirklichung des lebenslangen Lernens in unserer Welt.

Vielleicht kann dann sogar eine so auf das pädagogische Bildungsprinzip bezogene Telekommunikation im Bildungsbereich zu einer Liberalisierung, Dezentralisierung und Entbürokratisierung des Bildungswesens beitragen. Je mehr es nämlich die technische Entwicklung ermöglicht, kleine elektronische Prozessoren für jedermann an jedem Ort und zu jeder Zeit als Informationsspeicher, Informationslieferanten und Verarbeitungshilfen verfügbar zu machen, desto unabhängiger von den zentralen Bildungsinstitutionen und Organisationen und ihren einengenden Rahmenbedingungen und Vorschriften könnte der Einzelne dann sich bilden und weiterbilden. Die u. a. im Rahmen der Entschulungsdebatte erhobene Forderung nach mehr Unabhängigkeit der Menschen von der Herrschaft der Experten könnte dann vielleicht gerade durch den Einsatz moderner Mikroprozessoren zur Datenverarbeitung und -vermittlung besser erfüllbar werden. Wichtig für diese Unabhängigkeit von Experten ist dabei, daß der Nutzer, was das Gerät, die hard-ware, angeht, nur noch eine Batterie, einen Schaltblock etc. auswechseln muß, d. h., daß er zur Nutzung und zur Wartung keine Spezialkenntnisse und Expertenhilfe braucht. Ebenso müßte auf der anderen Seite die Information, die soft-ware, so strukturiert werden, daß sie ein selbständiges, nicht manipulativ-vorprogrammiertes Lernen auch ohne die Hilfe von Lehrern bzw. Tutoren, d. h. mit selbst nach den eigenen Bedürfnissen ausgewählten und kombinierten, auf Medien gespeicherten Informationsbausteinen ermöglicht.

In diesem Zusammenhang kommt dann allerdings auch eine neue Aufgabe von ungeheuren Dimensionen auf die Pädagogen zu: Wir müssen die Informationsverarbeitungs- und Integrationsfähigkeit als den Kern der sog. telekommunikativen Kompetenz der Menschen intensiv fördern und entwickeln, um auch von dieser Seite her das von Goethe geforderte

Gleichgewicht zwischen der von außen kommenden Informationsflut und der inneren Verarbeitungskompetenz des Menschen gleichsam auf einer höheren Ebene der Informationsvermittlung wiederherzustellen.

Dies ist besonders wichtig für Angehörige der bildungsmäßig unterentwickelten Schichten; dennn es besteht sonst die große Gefahr, daß die neuen informationstechnischen Möglichkeiten nur von denen sinnvoll genutzt werden, die ohnehin schon Bildungsprivilegierte sind. Dies aber würde zu einer wachsenden Informationskluft und zu Wissensverteilungsproblemen führen, die den Keim zu einem ganz neuen "Klassenkampf" bilden könnten.

Nicht nur die Telekommunikation wird also von den Pädagogen hart gefordert - auch die Pädagogen sind durch die Entwicklung der modernen Telekommunikation unerhört gefordert. Diese harte wechselseitige Herausforderung zwischen nachrichtentechnischer Telekommunikation einerseits und bildungsorientierter Pädagogik andererseits klar und unbeschönigt und ohne billige Harmonisierungsversuche aufzuzeigen, das war das Hauptanliegen dieses Referates.

Zusammenfassend komme ich also zu dem Ergebnis:

1. Es gibt schwerwiegende aus dem pädagogischen Bildungsprinzip abgeleitete Bedenken und Widerstände

   - allgemein gegen die Erweiterung der Informationsflut mit Hilfe moderner elektronischer Informationsvermittlungssysteme und
   - speziell gegen die Einbeziehung dieser modernen Nachrichtentechnik in den Bildungsbereich selbst.

2. Wir stehen heute vor der Aufgabe, das Spannungsverhältnis zwischen elektronischer Informationsvermittlung und -verarbeitung einerseits und der klassischen pädagogischen Auffassung von menschengemäßer "Bildung" als persönlicher Informationsverarbeitung andererseits auszuhalten und als ernste Herausforderung für beide Seiten ernst zu nehmen.

3. Dazu müssen die Möglichkeiten der Telekommunikation in der Weise weiterentwikkelt und erprobt werden, daß sie die persönliche Informationsverarbeitung erleichtern, d. h., ihr gewissermaßen nur transparent vorsortierend vorarbeiten.

4. Der Einsatz der Telekommunikation im Bildungswesen selbst sollte sich vor allem auf den Bereich des lebenslangen Lernens, besonders auf die Förderung des angeleiteten Selbststudiums konzentrieren. Er kann dabei einen wesentlichen Beitrag

zur Verwirklichung eines offeneren selbstbestimmteren Weiterlernens in zeit-, orts- und lehrerunabhängigeren Formen des angeleiteten Selbststudiums leisten.

5. Die Pädagogen müssen sich ihrerseits der zentralen Aufgabe stellen, die Informationsverarbeitungskompetenz in allen Schichten der Bevölkerung zu entwickeln und zu stärken. Sie müssen dazu Ordnungskategorien, Integrationshilfen, Systemwissen etc. vermitteln, die es den Menschen ermöglichen, mit der modernen Informationsflut besser geistig fertig zu werden, d. h., sie soweit wie möglich auch für ihre persönliche Bildung fruchtbar zu machen.

6. Wenn sich eine fruchtbare Beziehung zwischen der modernen Telekommunikation und dem Prinzip der humanen Bildung des Menschen nicht entwickeln läßt, dann wird die weitere Entwicklung der Telekommunikation auf den entschiedenen Widerstand nicht nur der Pädagogen, sondern auch einer breiten Masse überforderter Menschen treffen. Und dieser Widerstand wird sich dann auch unter allgemeineren bildungs- und gesellschaftspolitischen Gesichtspunkten gegen eine weitere Verbreitung der modernen Nachrichtenvermittlungssysteme schlechthin richten, weil man in ihnen eine Gefahr für die persönliche Identität und die geistige Selbständigkeit und damit für eine wesentliche Grundlage unserer freiheitlichen Demokratie sieht.

Um eine solche verabsolutierte Konfrontation rechtzeitig vermeiden zu helfen, bedarf es enormer Anstrengungen von beiden Seiten, um die moderne Telekommunikation und das humane Bildungsprinzip so weit wie möglich fruchtbar aufeinander zu beziehen.

Denken, Lernen, Denkenlernen mit Computerhilfe
Thinking, Learning and Learning to Think with the Add of a Computer

Dr. U. Kling
Darmstadt

1. Einleitung

Computer-, Informations- und Kommunikationstechnik sind heute in der Lage, den geistig tätigen Menschen in vielfacher Weise wirksam zu unterstützen, und dies nicht nur bei aufwendigen Routine-, sondern gerade auch bei intellektuell anspruchsvollen Problemaufgaben.

Umso bemerkenswerter ist der Umstand, daß sich der Mensch bei seiner wohl wichtigsten Lebensaufgabe, dem Lernen im allgemeinsten Sinn, nur sehr zögernd und unzulänglich dieser technischen Hilfen bedient.

Diese technische Enthaltsamkeit ist besonders im schulischen Bereich festzustellen! Zahlreiche Gründe lassen sich hierfür nennen - auf einige davon werde ich später noch eingehen - doch ein sehr simpler, direkter Grund sei jetzt schon erwähnt:

> Die bisherigen technischen Medien - gerade auch die bisherigen Computer-Versionen - konnten in der Schulpraxis keine überzeugenden oder gar spektakulären Erfolge verbuchen!

Dazu gibt es wiederum zahlreiche Einzelursachen, wovon der dabei praktizierte konservative Unterrichtsansatz am gravierendsten sein dürfte, d.h.,

> die technischen Medien unterstützten bisher lediglich die traditionellen Formen der Wissensdarbietung; die eigentlichen didaktischen Stärken der technischen Medien konnten daher überhaupt nicht voll entfaltet und ausgeschöpft werden.

Ihr Scheitern ist demnach zu einem großen Teil auf eine allgemeine didaktische Schwäche unseres Schulsystems zurückzuführen, die sich - etwas verkürzt und überspitzt - folgendermaßen charakterisieren läßt:

> In unseren Schulen wird zu viel gelehrt
> und (daher) zu wenig gelernt.

Oder, um es etwas deutlicher auszudrücken:

> Der Anteil des Bildungsstoffes, den die Kinder in unseren Schulen durch direkte Lehre (Instruktion) vermittelt bekommen, ist zu hoch, sie erhalten zu wenig Gelegenheit für

> freiere bzw. natürlichere Formen des Lernens, wie sie etwa das Kleinkind praktiziert, das, ohne äußeren Druck und höchst motiviert, z.B. seine Muttersprache erlernt.

Ein engagierter Vertreter dieses kritischen Standpunktes ist S. PAPERT (1972). Seine geradezu revolutionäre Konzeption eines "Lernens mit Computer", die sog. LOGO-Philosophie, sei im folgenden kurz beschrieben. Unsere eigenen praktischen Erfahrungen mit LOGO in der deutschen Schulpraxis (KLING et al., 1977) und unsere Einschätzung ihrer Realisierbarkeit (KLING 1979) fließen in diese Beschreibung mit ein.

Es geht uns weniger um die technischen Details der LOGO-Konzeption, als vielmehr um ihre innovatorische Bedeutung als richtungsweisendes Musterbeispiel einer neuartigen, pädagogisch konsequenten Nutzung modernster EDV-Technologien im Bereich des Lernens. Selbst wenn die rein technischen Komponenten der LOGO-Konzeption nicht mehr den allerneuesten Entwicklungsstand repräsentieren sollten, so dürfte die pädagogische, didaktische wie curriculare Seite der LOGO-Philosophie noch für lange Zeit eine maßgebliche Orientierungshilfe bei der Entwicklung möglichst "natürlicher", computergestützter Lernumgebungen für Formen aktiven Lernens bleiben.

2. Die LOGO-Konzeption

PAPERT, der geistige Vater der sog. LOGO-Philosophie, ist heute Mathematiker und Computerwissenschaftler am Institut für Künstliche Intelligenz des Massachusetts Institute of Technology (MIT) in den USA. Sein pädagogisches und psychologisches Wissen hatte er sich zuvor durch eine 5jährige Zusammenarbeit mit dem bedeutendsten lebenden Entwicklungspsychologen, Jean PIAGET, in Genf erworben.

Seine dortigen Beobachtungen über die außerordentlich hohe Lerneffizienz und -motivation des Kleinkindes, als Kontrast zu der häufigen Unlust und Plagerei des durchschnittlichen Schulkindes, brachten ihn dazu, nach motivierenderen und effizienteren Formen des (schulischen) Lernens zu suchen. Sein Ergebnis: die sog. LOGO-Philosophie, eine geglückte Symbiose des PIAGETschen Gedankenguts mit dem Begriffs- und Methodensystem der Informatik, insbesondere der Künstlichen Intelligenz-Forschung; sein technisches Werkzeug: ein sehr komfortables und dennoch sehr leistungsfähiges Programmiersystem LOGO mit einem (beliebig erweiterbaren) Satz an computergesteuerten didaktischen Experimentiergeräten, genannt Turtle-Set.

PAPERTs Überlegungen lassen sich, sehr verkürzt, in folgende 5 Punkte zusammenfassen:

1. Eine der natürlichsten und offensichtlich effektivsten Formen des Lernens scheint das aktive Lernen durch eigenständiges Experimentieren zu sein, wie sie das Kleinkind beim Spracherwerb oder beim Erforschen seiner Umwelt praktiziert.
2. Sinnliche Erfahrungen und die dadurch ausgelöste Entwicklung und Erprobung eines möglichst großen Vorrates an geistigen Modellen und Metaphern über die verschie-

densten Phänomene seiner Umwelt sind für einen jungen Menschen wichtige und wertvolle Voraussetzungen für seine künftige Lernfähigkeit.

3. Bestimmte bedeutende Bildungsbereiche unserer Kultur entziehen sich jedoch einem direkten senso-motorischen Erfahren bzw. freien Lernen à la PIAGET; dazu zählen beispielsweise die

   - Schrift als symbolische Informationsrepräsentation
   - Grammatik
   - Mathematik.

   Die Gesellschaft sah sich daher gezwungen, eine, wie PAPERT es sieht, künstliche Lernumgebung zu schaffen, nämlich die Schule als Lehranstalt, in welcher durch direktes, gezieltes Lehren (Instruieren) diese Wissensgebiete vermittelt werden müssen.

4. In dieser pädagogisch-methodischen Notlage verspricht uns der Computer Abhilfe. Denn dank seiner konkurrenzlosen, funktionalen Universalität und seiner vielseitigen Simulationsfähigkeiten ermöglicht er uns in gewissem Sinne die Wiederherstellung der idealen PIAGETschen Lernbedingungen, d.h., eine

   quasi-natürliche Lernumgebung,

   innerhalb welcher auch die schwer "faßbaren" Wissensgegenstände (der Mathematik, der Sprache etc.) wieder auf "kindliche", also überwiegend experimentelle Art erlernt werden können. (PAPERT/SOLOMON 1971; PAPERT 1971)

   (Beispielsweise werden abstrakte mathematische Lösungswege oder Vermutungen (Hypothesen), die der Schüler in Form von eigenen Computer-Programmen konkretisiert oder eigene Simulationsprogramme zu biologischen oder physikalischen Phänomenen oder auch eigene Texte in einem Editierprogramm wieder zu manipulierbaren Objekten, mit denen man über den Computer experimentieren kann, die man erweitern und modifizieren kann.)

5. Bedeutsamer noch als dieser instrumentelle Nutzungsaspekt des Computers ist nach PAPERT der mögliche Einfluß auf die intellektuelle Entwicklung eines jungen Computer-Benutzers. Viele Konzepte und Methoden komplexerer Informationsverarbeitungs-Prozesse (beispielsweise des Planens, Entscheidens, Modellbildens oder Problemlösens) können bereits sehr jungen Schülern explizit, durch eigenes Programmieren, nahegebracht werden. Sie erwerben sich mit dem Begriffssystem und dem Verfahren der Informatik und Künstlichen Intelligenz zugleich ein Vokabular, eine Art Metasprache, mit deren Hilfe sie ihre eigenen Denkprozesse (als Informationsverarbeitungsprozesse) erstmals adäquat beschreiben, dadurch besser durchschauen und damit wohl auch bewußter und effektiver gestalten können. (PAPERT 1970; HOWE/O'SHEA 1976; DÖRNER 1976)

Turtle-Geometrie

Selbstverständlich ist mit der Bereitstellung eines Lernwerkzeuges, und sei es noch so motivierend wie, erwiesenermaßen, das LOGO-Computersystem, nur ein Teil der Voraussetzungen für eine "kreative Lernumgebung" erfüllt. Ebenso bedeutsam ist eine darauf abgestimmte curriculare Aufbereitung des jeweiligen Unterrichtsstoffes, die eine maximale Ausschöpfung der didaktischen Möglichkeiten des Computers hinsichtlich aktiver und eigenständiger (experimenteller) Formen des Lernens gewährleistet.

Die bekannteste, von PAPERT und Mitarbeitern als Musterbeispiel konzipierte LOGO-Unterrichtseinheit ist die sog. Turtle-Geometrie für 8-12jährige Kinder. Abbildung 1 zeigt eine typische "Lernsituation" im Turtle-Unterricht.

Wichtigster Gerätebestandteil ist der bereits erwähnte, kleine, fahrbare Zeichenroboter "Turtle". Diese Turtle ist

- mit einem absenkbaren Zeichenstift versehen,
- über ein Kabel mit dem Computer verbunden und
- erhält von diesem die Steuer- bzw. Marschbefehle, nach denen sie ihre Zeichnungen auf dem Boden anfertigt.

Den Plan für die Turtle-Zeichnungen, d.h., das Computer-Steuerprogramm, entwerfen die Kinder selbst!

Dies ist nun der entscheidende Unterschied zu dem früheren, wenig erfolgreichen Computer-unterstützten Unterricht (CUU):

- Im klassischen CUU imitierte der Computer den Lehrer, d.h., er programmierte sozusagen das Kind bzw. dessen Lernprozeß.
- Im "Turtle-Unterricht" hingegen verläuft der Einfluß gerade umgekehrt. Die Kinder programmieren den Computer; er ist ihr Lernspielgerät bzw. - werkzeug, das sie nach Belieben einsetzen können.

Der Einstieg in die eigenständige Computer-Nutzung, d.h., in die Programmierung, erfolgt für die Kinder dank der günstigen Eigenschaften der Programmiersprache LOGO und mit Hilfe der Turtle auf einfache, spielerische uund sehr anschauliche Weise.

Den Kindern stehen zunächst vier Grundbefehle (Programmier-Bausteine) für die Turtle zur Verfügung, nämlich

VORWÄRTS	EINE	BELIEBIGE	SCHRITTZAHL
RÜCKWÄRTS	"	"	"
RECHTSDREH	"	"	GRADZAHL
LINKSDREH	"	"	"

Aufbauend auf diesen Grundbefehlen entwerfen die Schüler eigene Kleinstprogramme, nach denen die Turtle beispielsweise ein Quadrat, ein Dreieck oder eine "eckige" Spirale zeichnet. Dazu werden die Programme in den Computer eingetippt, der seinerseits die

Turtle entsprechend steuert.
Mit wachsender Programmierkenntnis und geometrischem Verständnis stoßen die Schüler im Verlauf des Turtle-Geometrieunterrichts überraschend schnell auf immer kompliziertere, aber auch interessantere geometrische Problemstellungen bzw. Gesetzmäßigkeiten, die oftmals den Rahmen der intendierten schulischen Geometrie-Kenntnisse sprengen (ABELSON/ DISESSA 1978). Die Abbildung 2 zeigt einige typische Turtle-Zeichnungen.

Die Abbildung 2 zeigt einige typische Turtle-Zeichnungen. Es ist z.T. nicht nur für Kinder überraschend, mit welch einfachen Programmen oftmals recht komplexe Gebilde erzeugt werden können!

Welche <u>pädagogischen Vorteile</u> bringt nun dieser Turtle-Umgang ?

(Diese Frage ist auf der Ebene der Plausibilität und nach den bisherigen Erfahrungen relativ leicht und positiv zu beantworten. Direkte psychologische Experimente im traditionellen Sinn wurden bisher mit LOGO nicht durchgeführt. Diese Zurückhaltung erklärt sich aus der generellen wissenschafts-theoretischen Problematik, Lernerfolgsmessungen bezüglich höherer Lernziele mit den heute verfügbaren Methoden der Experimentalpsychologie adäquat durchführen zu können! Siehe PAPERT 1981 und SIMON 1977).

Wir müssen uns daher auf die Auflistung einiger offensichtlicher Vorzüge des Lernens nach der LOGO-Konzeption beschränken:

Es bereitet zunächst einmal den Kindern großen Spaß und Genugtuung, den Computer allmählich zu beherrschen bzw. die Turtle "belehren" zu können. Für die Elementar-Geometrie (den eigentlichen Unterrichtsstoff) selbst lernen sie dabei auf anschauliche und experimentelle Weise Begriffe wie Abstand, Winkel, Zustand, Position, Ähnlichkeit usw., die sie intuitiv verwenden, bevor sie überhaupt mit deren Bezeichnungen bekanntgemacht werden.

Das Überraschungsmoment, das eigene Entdecken irgend eines unerwarteten Zusammenhanges, ist eine besonders wichtige Komponente dieser Lernform. So stießen beispielsweise unsere Turtle-Kinder durch Zufall auf die geometrische Gesetzmäßigkeit des quadratischen Verhältnisses zwischen Strecke und Fläche, als sie sich von der Turtle ein halbgroßes Quadrat zeichnen lassen wollten, diese dafür mit dem halben Wert der ursprünglichen Seitenlänge "fütterten" und dann als Resultat nur ein viertelgroßes Quadrat erhielten!

<u>Explizites Denktraining</u>

Die Beschäftigung mit der Turtle führt zusätzlich zu einer sehr direkten Förderung bestimmter allgemeinerer Denkweisen, wie sie Kinder in diesem frühen Alter üblicherweise nicht erfahren. Dazu zählen beispielsweise das präzise Planen (eines Programmes); die gute Strukturierung eines Programmes als Anwendungsbeispiel der Problemlöse-Heuristik "Zerlegen in Teilprobleme"; die Anwendung von Strategien bei (Programm-) Fehlersuche, etc.

Da die Turtle mit einem Tastring ausgestattet ist, können Hindernis-Umgehungsprogramme (Orientierungsprogramme in Labyrinthen etc.) entwickelt werden. Dabei werden Begriffe wie "Feedback", "Modelle der Umwelt" explizit erlernt und angewandt.

Denken über das Denken

Die Sprache LOGO als listenverarbeitende Sprache erleichtert in hohem Maße das Entwickeln strategischer Spielprogramme, TIC-TAC-TOE, REVERSI, etc. (siehe BOECKER/ FISCHER 1979), bei welchen die Spielstärke durch den zweckmäßigen Einbau von Heuristiken (Spielstrategien) erzielt werden muß. Der damit verbundene Anstoß, über die eigene Denkweise zu reflektieren, um diese formalisiert in ein Programm zu packen, ist als ein besonders wertvoller Beitrag der computerstimulierten Denkförderung anzusehen.

Gerade der Programmiervorgang selbst liefert eine der fundamentalsten Einsichten über menschliches Denken und Problemlöse-Verhalten: Komplexe Probleme, so auch die Entwicklung von Computerprogrammen, lassen sich nur schrittweise, d.h., in mehreren Anläufen mit immer wieder verbesserten Lösungsversionen, bewältigen.

PAPERT kann inzwischen auf internationale LOGO-Erfahrungen mit insgesamt mehreren hundert Kindern verweisen, die den eigenständigen Umgang mit dem Computer, als Hilfsmittel zur Lösung von Problemaufgaben und zur Formulierung und Überprüfung eigener Modellvorstellungen, spielerisch gelernt haben und souverän beherrschen. Auch in Deutschland wurden von uns in Darmstadt Unterrichtsversuche mit LOGO erfolgreich durchgeführt (KLING 1973, LAURENZE/KLING 1975; KLING et al 1977,1979).

3. Die Einmaligkeit des Computers als Lehr- Lern- Medium

An dieser Stelle könnte eingewendet werden, daß die Effizienz des hier besprochenen "Lernens durch Experimentieren" eine pädagogisch altbekannte Tatsache ist, von der man schon lange vor dem Aufkommen der Computer wußte.

Es ist daher zu fragen:

1. Was ist das Besondere des Computers, das ihn zu einem so einmaligen Lern-Werkzeug (aber auch Lehr-Medium) macht ?
2. Läßt sich die zuvor beschriebene Art des aktiven Computer-unterstützten Lernens auch in anderen Unterrichtsfächern realisieren ? Ist jeder Unterrichtsstoff so geeignet wie die Geometrie für die Turtle ?

Zur 1. Frage: Die Bedeutung und Einmaligkeit des Computers liegt in seiner funktionellen Universalität, die ihn befähigt, bei unterschiedlichen Lernprozessen und Lernbereichen jeweils andere medientechnische Unterstützungen (Hilfsfunktionen) anzubieten:

Das allgemeine Einsatzspektrum des Computers, das zugleich auch seine (potentielle) medientechnische Vielseitigkeit widerspiegelt, umfaßt derzeit so verschiedenartige Aufgabenbereiche wie

- komplexe mathematische Berechnungen (in Wissenschaft und Technik),
- Textverarbeitung (in Büro und Redaktion),
- graphische Unterstützung bei Planung und Konstruktion,
- Simulations- und Entscheidungsverfahren,
- Informations- und ("intelligente") Beratungssysteme,
- Roboter-Einsatz (Prozeßsteuerung) in der Montagehalle und auf dem Mars, beispielsweise.

Dies sind nur wenige Anwendungsbeispiele aus einer ständig wachsenden Anzahl. Wichtig ist in diesem Zusammenhang, daß bei jedem dieser Beispiele jeweils andere Fähigkeiten des Computers ausgenutzt werden. Und es bedarf sicherlich wenig didaktischer Phantasie, um für diese Einsatzbeispiele Entsprechungen im Lehr- und Lernbereich erkennen zu können. Es ist das erklärte, vielleicht etwas visionäre Ziel PAPERTs, all diese Fähigkeiten des Computers dem Lernenden zu erschließen, d.h., den Computer für jedermann handhabbar zu machen. (PAPERT 1973; GOLDSTEIN/PAPERT 1976)

Im Idealfall würde jeder Lerner über einen hochleistungsfähigen <u>Persönlichen Computer</u> mit vielfältiger Peripherie und Anschlußmöglichkeiten an diverse Informations- und Kommunikationssysteme verfügen.

<u>Zur 2. Frage:</u> Mit diesen Überlegungen läßt sich auch die Frage nach der <u>curricularen Eignung</u> der verschiedenen Unterrichtsfächer beantworten:

Angesichts der funktionellen Vielseitigkeit dürfte es als eine recht plausible Hypothese akzeptiert werden, daß sich für jedes Unterrichtsfach bestimmte Computerfunktionen zur Unterstützung eines experimentellen Lernens anbieten (selbstverständlich auch für andere Lernformen).

Freilich bedarf es noch unendlich vieler <u>praktischer</u> Erprobung im Unterricht, um mit einer gewissen Sicherheit sagen zu können, bei welchen Curriculumeinheiten sich welcher Computereinsatz pädagogisch-didaktisch oder auch ökonomisch lohnt. (Damit soll ausdrücklich festgestellt sein, daß ein permanenter und ausschließlicher Computereinsatz nicht das Ziel dieser Medienforschung sein darf und kann!)

<u>Systemabhängigkeit</u>

Diese curricularen Eignungsuntersuchungen werden allerdings durch den Umstand äußerst erschwert, daß die Eignung einer bestimmten Unterrichtseinheit für computer-unterstütztes Lernen sehr entscheidend von den spezifischen Eigenschaften des jeweils zur Verfügung stehenden Computersystems abhängt! Dies ist beispielsweise der Grund,

- warum heute die meisten der bereits in unseren Schulen stehenden Computer, die fast alle nur mit der Programmiersprache BASIC ausgestattet sind, didaktisch so wenig genutzt werden, und
- warum wir uns, d.h., die ehemalige Darmstädter Forschungsgruppe CUU, in der Diskussion über die geeigneteste Schul-Programmiersprache so engagiert gegen BASIC wenden und leistungsfähigere Sprachen wie LOGO empfehlen. (FISCHER/KLING 1974)

Forschungen und Entwicklungen zur Erschließung des Computers als vielseitiges Experimentier-Lernwerkzeug stellen daher eine wichtige wissenschaftliche Herausforderung dar; wobei interdisziplinäres Know-how aus Computerwissenschaft, Psychologie, Pädagogik und den jeweiligen Unterrichtsfächern notwendige Voraussetzung ist. (So kann beispielsweise ein Informatiker allein nicht wissen und entscheiden, welche Aspekte der Benutzerfreundlichkeit für einen jüngeren Schüler am wichtigsten sind!)

Heutiger Entwicklungsstand

Die derzeitige Liste von Computersystemen und Geräten, die Lern-Formen im PAPERTschen Sinn begünstigen, ist noch klein. Sie verdeutlicht aber bereits die medientechnische Ausnutzung verschiedener Computer-Fähigkeiten, die in den verschiedenen Unterrichtsfächern unterschiedlich stark genutzt werden können:

1. Die LOGO-Konfiguration mit
   - Programmiersystem LOGO (für Nichtnumerik)
   - Zeichenroboter TURTLE
   - Bildschirm-Turtle (spezielles Computergrafik-System, bewegt)
   - "Music- Box" (computergesteuerte Tongeneratoren)
   - TINTE (komfortables Textverarbeitungssystem)

2. Xerox-System mit
   - Programmiersprache SMALLTALK (KAY 1977; KAY/GOLDBERG '77) (günstig für Parallelverarbeitung und objektorientiertes Programmieren)
   - Computersystem DYNABOOK
     Entwicklungsziel: Aktentaschen-Format bei hoher Leistungsfähigkeit und komfortablen Ein- und Ausgabegeräten

3. "Intelligente" Tutorsysteme, (Intelligent Computer Assisted Instruction = ICAI) als

   Forschungsprodukte der künstlichen Intelligenzforschung.
   Diese Systeme verfügen über eine vergleichsweise hohe Anpassungsfähigkeit an das individuelle Lernverhalten und entsprechende Diagnose-Fähigkeiten. Die meisten Systeme sind als strategische Computerspiele konzipiert, wobei der Computer den menschlichen Spieler beraten und auf dessen Wissenslücken hinweisen kann. (BROWN et al., 1975; GOLDSTEIN 1976; CARR 1977; BURTON/BRAUN 1979)

4. Professionelle Spezialsysteme,
   die prinzipiell für den Lehr- und Lernbereich geeignet wären, aber heute dafür noch zu teuer sind, z.B.
   - CAD-Systeme (computer-assisted design),
   - "intelligente" Beratungssysteme, z.B. MYCIN für Internisten (DAVIS et al., 1977) und DENDRAL für Chemiker (BUCHANAN et al., 1969),

- Datenbanken, (Fach-) Informationssysteme mit Fernanschluß (dialogorientiert).

Generell kann man feststellen: Der heutige Trend der Computerindustrie zu benutzerfreundlicheren Geräten und die zunehmende Erschließung der EDV für den nichtproffessionellen ("naiven") Benutzer, erweitern automatisch die obige Liste "lerngeeigneter" Computersysteme.

4. Innovations-Probleme

Nun zurück zur schulischen Wirklichkeit. Warum gibt sich die Schule so zurückhaltend angesichts eines derart vielversprechenden informationstechnischen Medienangebotes ?

Dafür lassen sich zunächst einige praktische Gründe aus der heutigen Schulwirklichkeit nennen. (KLING et al. 1977)

- Die heutige Schule ist auf den Computer nicht vorbereitet. Dies betrifft nicht zuletzt die (unterrichts-) organisatorische Seite:
  Kleinere Klassen, mehr projektorientiertes Lernen sowie eigenständigere Vertiefungs- und Übungsphasen, wie sie eine Ganztagsschule ermöglicht, würden einen effizienten Computereinsatz ganz entscheidend fördern.
- Der heutige Lehrer ist von seiner Ausbildung her nicht auf das Lehr-/Lern-Medium vorbereitet.
- Leistungsfähigere EDV-Systeme wie sie aus didaktischen Gründen zu fordern sind, waren und sind auch heute noch für einen breiten Einsatz in der Schule zu teuer.
- Die heute in den Schulen stehenden Computer sind zu gering an Zahl und zu schwach an Leistung, so daß Lehrer und Schüler sehr schnell den Spaß an ihnen verlieren.
- Die didaktische Benutzung des Computers bedeutet für den Lehrer zunächst einen erheblichen Mehraufwand, für den ihm niemand dankt, d.h., er wird dafür im allgemeinen überhaupt nicht oder nur unzureichend entschädigt.

Es gibt jedoch noch tiefer liegende Gründe für die geringen Anstrengungen, Informationstechnologie und Bildungswesen zusammenzubringen. Da ist zunächst eine deutliche

- Technikfeindlichkeit und -angst

  bei Politikern, vor allem aber auch bei vielen Lehrern zu spüren. Selten jedoch sind diese negativen Einstellungen auf eigene schlechte Erfahrungen zurückzuführen, sondern vielmehr auf Unkenntnis und Vorurteile. Hinzu kommt bei vielen Lehrern die Angst, mancher Schüler könnte geschickter mit dem Computer umgehen, als sie selbst.

  Auf bildungspolitischer Ebene ist ferner deutlich eine

  - Reformmüdigkeit

    sowie ein Schulversuch-Überdruß bei Politikern, Lehrern und vor allem auch Eltern festzustellen.

Diese Umstände, zusammen mit der angespannten Finanzlage der öffentlichen Haushalte, bringen es mit sich, daß die

- Förderbereitschaft

der öffentlichen Hand für die Bildungsforschung empfindlich abgesunken ist.

Forschungs- und Entwicklungsprobleme

Doch selbst, wenn all diese Hinderungsgründe wegfielen, könnte der Computer nicht sofort in der Schule in breitem Umfange eingesetzt werden. Unser heutiger Kenntnisstand über Art und Umfang des pädagogischen Nutzens des Computers ist noch äußerst spärlich. Der Mangel an breiter praktischer Erfahrung und die rasche Weiterentwicklung der Computertechnologie, generell der Informationstechnik, erfordern noch auf längere Sicht intensive und gezielte Forschungs- und Entwicklungsaktivitäten; diese sind allerdings mit einigen Schwierigkeiten verschiedenster Art verbunden. Nur einige wenige seien genannt:

a) Curriculare Umstrukturierung, fächerübergreifend:

Nach den bisher gewonnenen Einsichten bedingt eine maximale Ausschöpfung der pädagogisch didaktischen Qualitäten des Computers tiefgreifende Umgestaltungen der bestehenden Fachcurricula. Dazu gehören eine generelle starke Anhebung des Anteils an Methoden- gegenüber Faktenwissen, zwangsläufig verbunden mit selbständigeren Formen des Lernens, ferner häufige Veränderungen der Darbietungsreihenfolge von Stoffgebieten, oftmals über mehrere Jahrgangsstufen hinweg, sowie eine stärkere, inhaltliche Verzahnung und Abstimmung verwandter Unterrichtsstoffe über die Fächerabgrenzungen hinweg.

Beispielsweise können viele Stoffbereiche in den Naturwissenschaften (Physik, Biologie etc.) altersmäßig früher angeboten werden, wenn für die formalisierte Beschreibung der jeweiligen Gesetzmäßigkeiten nicht auf die Behandlung der Differentialgleichungen (Infinitesimal-Rechnung) im Mathematischen Unterricht gewartet werden muß, sondern die wesentlich leichter verständlichen und anschaulicheren Differenzengleichungen verwendet werden können. Deren Unhandlichkeit fällt bei der Nutzung von Computern nicht mehr ins Gewicht. (Als ein Musterbeispiel dieser Art wurde von der Darmstädter Forschungsgruppe CUU eine Curriculum-Einheit über Mechanik aufbereitet; siehe HILLE 1976)
Beschränken sich solche computerbezogenen Curriculumumstrukturierungen nicht nur auf vereinzelte, kleinere Stoffeinheiten, wie dies bisher nur der Fall sein konnte, so stoßen solche Bemühungen auf die Unbeweglichkeit eines eingeführten und damit festgeschriebenen Curriculumsystems. Neben dem für eine beabsichtigte Modifizierung notwendigen enormen Vorbereitungs- und Zeitaufwand (auch Überzeugungsarbeit!) steht die unangenehme Tatsache, daß derartige Curriculumentwicklungen nicht auf einmal und am grünen Tisch, sondern nur in der schulischen Praxis, in mehreren Durchläufen, schrittweise durchgeführtwerden können.Dies bedarf langfristiger, großzügiger

und geduldiger Förderung.

b) Hoher Versuchsaufwand:

Bedenkt man die hochgesteckte Zielsetzung, verbesserte Lernformen und explizite Förderung bestimmter Denkfähigkeiten, so erscheint es plausibel, daß entsprechende Experimente nur dann aussagekräftig sind, wenn sie mit einer gewissen Totalität und nicht halbherzig, z.B. mit unzureichenden technischen Mitteln durchgeführt werden. D.h., um ein realistisches Bild über die optimalen didaktischen Möglichkeiten, aber auch Grenzen eines Computers als Lernwerkzeug gewinnen zu können, müßte beispielsweise jedem Kind einer größeren Versuchsgruppe jeweils ein leistungsfähiger Computer quasi Tag und Nacht zur Verfügung gestellt werden. PAPERT hatte für einen solchen "Totalversuch" vergeblich öffentliche Forschungsmittel beantragt.

Inzwischen hat er einen texanischen Millionär gefunden, der für seine Tochter eine eigene (bessere) Schule gebaut hat und für jedes Kind zweier Parallelklassen dieser Schule einen persönlichen LOGO-Computer, eine Spezialentwicklung der Computerfirma Texas Instruments, finanziert hat. Dieser Versuch läuft noch.

c) Zurückhaltende Computer-Hersteller

Eine solche Unterstützung durch eine kommerzielle Computerfirma stellt eine Ausnahme dar. Computerfirmen entwickeln bzw. implementieren im allgemeinen erst dann eine neue Programmiersprache, wenn deren breiter Absatz auf dem allgemeinen EDV-Markt als gesichert gelten kann und dadurch die relativ hohen Folgekosten der permanenten Software-Pflege nach kommerziellen Gesichtspunkten zu rechtfertigen sind.

Die Folge davon ist, daß didaktisch interessante Programmiersprachen auf zu wenigen Geräten oder Fabrikaten zur Verfügung stehen, um auf ausreichend breiter Basis praktische Schulerfahrung sammeln zu können, oder daß nur veraltete Sprachen wie BASIC angeboten werden, nur weil sie auch außerhalb des Bildungsbereiches eingesetzt werden können.

d) Gestörte Interdisziplinarität:

Die Erforschung der pädagogischen Nützlichkeit des Computers ist nur durch das interdisziplinäre Zusammenwirken mehrerer Bezugswissenschaften erfolgversprechend durchzuführen. Dem steht jedoch in Deutschland immer noch das abgrenzende "Denken in Fachdisziplinen" entgegen, verbunden mit entsprechenden gegenseitigen Vorurteilen und wissenschaftlichen Abqualifizierungen, was, nebenbei bemerkt, für die auf diesem mehrfachen Grenzgebiet tätigen Wissenschaftler, zu erheblichen Schwierigkeiten bei der formalen beruflichen Weiterqualifikation führen kann.

So findet sich das computerunterstützte Lehren und Lernen zwischen der traditionsbehafteten Front Geistes - versus Naturwissenschaften (mit Pädagogik einerseits und Informatik andererseits als Basiswissenschaften). Derselbe wissenschaftstheoretische Graben zieht sich jedoch mittlerweile auch durch die einzelnen Wissenschaftsdisziplinen selbst, durch die Erziehungswissenschaften ebenso wie durch die (deutsche) Psychologie. Demgegenüber wurde in den USA eine neue Wissenschaftsdisziplin, die sog. Kognitionswissenschaft (Cognitive Science), etabliert (siehe dazu FISCHER/KLING, 1980), deren Forschungsgegenstand gerade die gemeinsamen kognitiven Phänomene bei Mensch und Maschine darstellt. Weder das jeweilige Selbstverständnis noch die gegenseitige wissenschaftliche "Wertschätzung" von Psychologen und Informatikern haben bisher in unserem Lande eine breit angelegte, institutionalisierte Kooperation dieser beiden Disziplinen zugelassen! (Erst in allerjüngster Zeit gewinnt die Einsicht in die Notwendigkeit interdisziplinärer Vorgehensweise im Zusammenhang mit den Schlagwörtern Mensch-/Maschine-Kommunikation bzw. Interaktion langsam auch bei uns an Boden.)

Selbstredend haben diese ablehnenden Haltungen der einzelnen Wissenschaftsdisziplinen untereinander auch einen unmittelbaren Einfluß auf die öffentliche Förderung (besser: Nichtförderung) einschlägiger interdisziplinärer Forschungsaufgaben, zu denen eben auch das computerunterstützte Lehren und Lernen zählt.

e) Das wissenschaftliche Image der Fachdidaktik

Und noch ein weiterer erschwerender Umstand für eine breitere direkte Forschung des maschinengestützten Lernens sollte einmal ausgesprochen werden: Es handelt sich um die sehr häufig anzutreffende wissenschaftliche Geringschätzung des etablierten Fachwissenschaftlers gegenüber der Didaktik seines Faches. Mag es dafür auch plausible Erklärungen aus der Vergangenheit geben, so zeugt die Haltung doch von einer gravierenden Verkennung der gesellschaftlichen Bedeutung und der wissenschaftlichen Komplexität didaktischer Fragestellungen. Es sind letztlich didaktische Probleme, die es zu lösen gilt, wenn die Menschen zu "lebenslangem Lernen" befähigt werden sollen oder wenn sie zur eigenständigen Nutzung immer komplexerer Maschinen im Berufs- wie Privatleben vorbereitet werden sollen. Mit anderen Worten, es sollte auch für den deutschen Fachwissenschaftler, sei er beispielsweise Mathematiker, Informatiker, Ingenieur oder Psychologe, nicht ausgeschlossen sein, sich zeitweise mit didaktischen Problemen zu befassen oder solche zumindest als "echte" wissenschaftliche Problemstellungen zu respektieren.

5. Zusammenfassung

Mit der PAPERTschen "LOGO-Philosophie" wurde eine Lernkonzeption vorgestellt, die unter Zuhilfenahme aller denkbaren Computer-technischen Mittel den Anteil des motivierten, experimentellen Lernens, nicht nur in unseren Schulen, vergrößern möchte.

Fast wichtiger als die Bereitstellung des technischen Lernmediums Computer, ist für PAPERT die Vermittlung eines spezifischen geistigen Rüstzeugs, das ein sinnvoller

Umgang mit dem Computer und das dadurch geförderte Denken in den Begriffen der Informationsverarbeitung, Modellbildung und der kognitiven Systeme mit sich bringt. Das Denken und Reflektieren über das eigene Denken,Lern- und Problemlöse-Verhalten sollte dadurch wesentlich erleichtert und effektiviert werden können.

Die (computergesteuerten) Peripheriegeräte des LOGO-Systems, der sog. Turtle-Set mit Zeichenroboter, Musik-Box, etc. stellen die Bausteine eines ersten konkreten Beispiels einer, nach PAPERT, "kreativen" computergestützten Lernumgebung dar, die idealerweise fortlaufend verbessert und ergänzt werden sollte. Es ist ein immer wieder anzutreffendes Mißverständnis, diese Lerngeräte als bloße Spielzeuge abzuqualifizieren, die lediglich zur Auflockerung des Unterrichts dienen mögen.

Hinter den LOGO-Geräten steht dieselbe "Spielidee" wie hinter den EDV-Geräten für das Computer-gestützte Entwerfen in Flugzeug- oder Brückenbau, beispielsweise, oder den Computer-Simulationen bei der Raumfahrt oder bei den Wirtschaftswissenschaften. Bei jedem dieser Beispiele handelt es sich um Computerunterstützungen bei der Bewältigung intellektuell anspruchsvoller Aufgaben, die der Mensch nur schrittweise, durch Experimentieren, durch mehr oder weniger gezieltes Vorgehen nach Versuch und Irrtum, daher "spielerisch" (?!), bewältigen kann.

Aktives, d.h. forschendes und experimentelles Lernen, ist als geistige Tätigkeit den oben genannten Beispielen aus dem Berufsleben kognitiv sehr verwandt. Niemand würde auf die Idee kommen, die bei diesen beruflichen Tätigkeiten verwendeten technischen Hilfsmittel als "Spielzeuge" zu bezeichnen. Es sind jedoch im Prinzip dieselben Computerwerkzeuge, die nach der LOGO-Philosophie auch dem Lernenden zur Erleichterung und Effektivierung seiner Tätigkeit zur Verfügung gestellt werden sollen.

Am Beispiel der LOGO-Konzeption wollte dieser Aufsatz einen ersten Eindruck von der potentiellen didaktischen Leistungsfähigkeit und Vielseitigkeit des Computers als Lehr-/Lernmedium vermitteln. Sicherlich trägt die LOGO-Philosophie noch futuristische Züge: Sie geht von heute noch lange nicht erfüllten Voraussetzungen aus, wie in Kapitel 4 gezeigt worden ist, und sie hat noch viele Fragen, beispielsweise nach ihrer Praktikabilität, offengelassen. (KLING 1979)

Doch haben die bisherigen LOGO-Versuche schon beeindruckende Einzelerfolge gezeitigt, und zwar bei unterschiedlichsten Lernertypen, so bei

- Leistungsschwachen (SOLOMON/PAPERT 76)
- durchschnittlichen
- hochbegabten

und vor allem auch bei

- schwerbehinderten Kindern. ((WEIR/EMANUEL 1976)

Die dabei erbrachten, zum Teil überraschend positiven Ergebnisse scheinen mir Rechtfertigung genug, um eine systematische Weiterentwicklung und praktische Erprobung dieser Art des Computerunterstützten Lernens auch in der BRD wieder in Gang zu setzen.

Hoffen wir, daß eine einsichtige Öffentliche Hand die notwendigen Forschungsmittel zur Verfügung stellen wird und wir nicht auf einen texanischen Millionär warten müssen.

6. Literatur

ABELSON/diSESSA (1978):

Turtle Geometrie: The Computer as a Medium for Exploring Mathematics. Draft 2, MIT, AI-Lab, Cambridge, Mass.

BÖCKER, H.-D./FISCHER, G. (1979):

Arbeitsmaterialien zum Interaktiven Problemlösen mit Computerhilfe, Band 2: Problemaufgaben, Teil 5: Spiele. Forschungsgruppe CUU, Darmstadt.

BROWN, J.S./BURTON, R./BELL, A. (1975):

SOPHIE: A Step toward Creating a Reactive Learning Environment. International Journal of Man-Machine Studies Vol. 7, S. 675-696, '75.

BUCHANAN B., SUTHERLAND G., FEIGENBAUM, A. (1969):

"Ceuristik" DENDRAL: A Program for Generating Explanatory Hypotheses in Organic Chemistry, in Machine Intelligence 4. American Elsevier, New York.

BURTON, R.R. u. BROWN, J.S. (1979):

"An Investigation of Computer Coaching for Informal learning Activities", International Journal of Man-Machine-Studies, Vol. 11, S. 5-25, 1979.

CARR, B. (1977):

WUSOR II: A Computer Aided Instruction Program with Student Modelling Capabilities LOGO Memo 45-MIT AI Lab 1977

DAVIS, Randall, BUCHANAN, B., SHORTLIFFE, E. (1977):

"Production Rules as a Representation for a Knowledge-Based Consultation Program". Artificial Intelligence.

DÖRNER, D. (1976):

Effekte der Übung und der reflektierten Strategie-Anwendung auf die Problemlösefähigkeit. Sonderdruck aus: Bericht über den 30. Kongreß der Deutschen Gesellschaft für Psychologie.

FISCHER, G./KLING, U. (1980):

Die Erforschung kognitiver Phänomene.Zum Stellenwert der Arbeiten von Herbert A. Simon für die Informatik, Angewandte Informatik 6/80

FISCHER, G./KLING, U. (1974):
"LOGO - eine Programmiersprache für Schüler; inhaltliche und methodische Aspekte ihrer Anwendung" in Proceedings "Rechner-Gestützter`Unterricht".
Lecture Notes in 'Computer Science', Vol.17 Springer Verlag.

GOLDSTEIN, I. (1976):
"The Computer as Coach: An Athlethic Paradigm for Intellectual Education", MIT (Massachusetts Institute of Technology) AI Lab, (Artificial Intelligence Laboraties).
AI Memo (Artificial Intelligence Memo) 389, Dez. '76, Cambridge, Mass.

GOLDSTEIN, I./PAPERT,S. (1976):
"Artificial Intelligence, Language and the Study of Knowledge", AI Memo 337, Cambridge Mass.

HILLE, H. (1976):
"Computer als Werkzeug des Schülers, Beispiel: Mechanik-Kurs der Oberstufe".
Hessisches Institut für Bildungsplanung und Schulentwicklung, Wiesbaden

HOWE, J./O'SHEA, T. (1976):
Computational Metaphers for Children; D.A.I. Research Report No. 24.
Department of Artificial Intelligence, University of Edinburgh.

KAY, A.C. (1977):
Microelectronics and the Personal Computer. Scientific American, Sept. 1977

KAY, A.C./GOLDBERG, A. (1977):
Personal Dynamic Media. Computer, Vol. 10 no. 3, 31-41.

KLING, U. (1979):
Zukunftsperspektiven des Computer-unterstützten Unterrichts. Erscheint in der "Generalstudie" des Bayerischen Staatsinstituts für Bildungsforschung und Bildungsplanung (in Druck).

KLING, U. et al. (1977):
Bericht über das Projekt PROKOP im Förderungszeitraum 1974-76 für das BMFT.
Forschungsgruppe CUU, Darmstadt.

KLING, U./BÖCKER, H.D., Freiburg (1979):
Jahresbericht 1979 (Projektabschluß) über das Projekt PROKOP, Forschungsgruppe CUU, Darmstadt.

KLING, U. (1973)
Computer als Hilfsmittel des Schülers bei aktivem Lernen - Ein Projekt zur Erprobung problemorientierter Rechnerbenutzung in Kooperation mit Lehrern (PROKOP).
Förderungsantrag an das BMFT. Forschungsgruppe CUU, Darmstadt.

Laurenze, A./KLING,U. (1976):

Bericht über den Einsatz des Interaktiven Programmierens in einer Arbeitsgemeinschaft mit 11 bis 13-jährigen Realschülern. Forschungsgruppe CUU, Darmstadt. (Ausführliche Dokumentation und Auswertung eines Schulversuchs mit LOGO)

PAPERT, S. (1973):

Uses of Technology to enhance Education.
MIT AI Lab LOGO-Memo No. 8.

PAPERT, S. (1970):

Teaching Children Thinking, IFIP Conference on Computer Education, North-Holland Publ., Amsterdam, 1970.

PAPERT, S. (1971):

A Computer Laboratory for Elementary Schools. MIT, AI Lab, LOGO-Memo No.1.

PAPERT, S. (1981)

LOGO-BOOK. Buchmanuskript, in Vorbereitung, MIT, AI Lab.

PAPERT, S./SOLOMON, C. (1971)

Twenty things to do with a Computer. MIT, AI Lab, LOGO-Memo No. 3.

SIMON, H. (1977):

"Models of Discovery", Boston Studies in the Philosophy of Science, Vol LIV, D. Reidel Publishing Company, Boston.

SOLOMON, C. & PAPERT, S. (1976):

A Case Study of a young child doing turtle graphics in LOGO MIT, AI Lab, LOGO-Memo No. 28.

WEIR, S. & EMANUEL, R. (1976):

Using LOGO to Catalyse Communication in an Autistic Child. D.A.I. Research Report University of Edinburgh.

Abb. 1: Schüler arbeiten mit einer "Turtle"

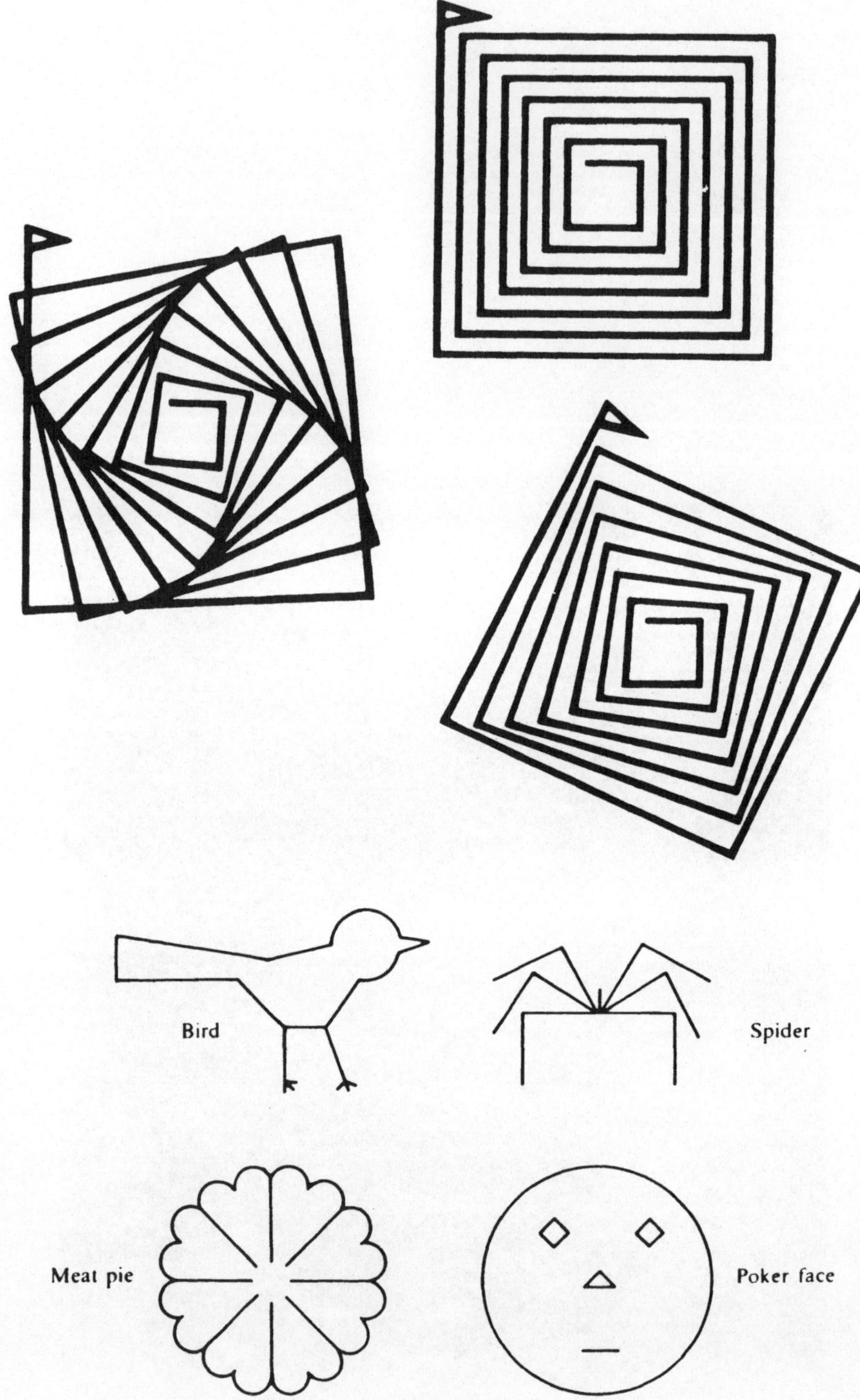

Abb. 2: Turtle-Zeichnungen, die von 11jährigen Schülern programmiert wurden.

Das Telekolleg: Eine Schlußbilanz?
Telekolleg: A Final Balance?

Dr. Walter Flemmer
München

Wenn Telekolleg-Oldtimer zusammenkommen, jene Pioniere, die in den sechziger Jahren das schier Unglaubliche vollbracht haben, ein wirklich funktionierendes Medienverbundsystem zu schaffen, so werden gelegentlich Schwung und Begeisterung dieser frühen Jahre wehmütig beschworen und mit der gewandelten gegenwärtigen Situation verglichen.

In einer vergleichsweise erstaunlichen Breite wuchsen, beginnend mit dem Jahr 1964, die Fernsehbildungsprogramme heran. Sie versuchten, rasch alle Felder einer möglichen medialen Erziehung und Ausbildung abzudecken, vom Schulfernsehen über Spezialprogramme für Zielgruppen bis zu einer differenzierten Erwachsenenbildung.

In den Rundfunkanstalten konnte man sich auf die einschlägigen Programmgrundsätze der Rundfunkgesetze berufen, die Bildung an bevorzugter Stelle als Aufgabe des Rundfunks definieren. Zugleich leitete man den bildungsbegeisterten Wind, der aus der Gesellschaft und den gesellschaftlich-politischen Institutionen herwehte, in die offenen Segel der Bildungsprogramme. Sogar bei Ministern und in Landesparlamenten war eine dem Bildungsrundfunk gewogene Stimmung zu verspüren. Unverkennbar waren die Aufbruchstimmung, die Betonung der Bedeutung von Bildung für alle, für jene Bürger auch, denen bis dato Aufstieg und bessere Ausbildung durch Herkommen und Umstände verwehrt worden waren.

In diese Situation hinein entstand die Idee "Telekolleg".

Telekolleg, das hieß von Anfang an ein kombiniertes System, ein Verbund von Fernsehsendungen, schriftlichem Begleitmaterial und Unterweisung in Gruppen. Das Telekolleg wollte jenen einen qualifizierten Abschluß ermöglichen, die sich schon im Berufsleben befanden und bemerkt hatten, daß sie früher die Chance einer besseren Ausbildung nicht wahrgenommen hatten.

Das Bildungssystem in der Bundesrepublik Deutschland hatte die Eltern ermuntert, ihre Kinder auf das Gymnasium zu schicken. Aber dann mußten doch viele bemerken, daß in der Gesellschaft, in Wirtschaft und Industrie, der Bedarf an mittleren Qualifikationen größer ist als der an akademisch Ausgebildeten.

Und so formulierte man seinerzeit: "Diese und andere Überlegungen führten dazu, einen Schultyp für das erste kombinierte Lehrsystem zu wählen, der einem sozialen Aufstiegsbedürfnis entspricht. Dazu bot sich die Berufsaufbauschule an, eine Einrichtung des zweiten Bildungsweges in der Bundesrepublik Deutschland. Die Berufsaufbauschule in ihrer traditionellen Form bietet allen, die die Volksschule abgeschlossen haben und in einer Berufsausbildung stehen, in der Regel zwischen dem 15. und 25. Lebensjahr, die Möglichkeit, zwei Jahre lang in Abendkursen, danach ein Jahr lang in einer Vollzeitschule, die Fachschulreife (= mittlere Reife) nachzuholen. Der Lehrstoff dieses zweiten Bildungsweges ist berufsbezogen und setzt ein klar umgrenztes und in seiner Thematik überschaubares Ziel. Die Planer des Telekollegs haben sich dafür entschieden, diesen Schultyp in das neue kombinierte Unterrichtsmodell 'Telekolleg zu übernehmen."

Damit war die Ausgangsituation und das Ziel klar formuliert und man konnte mit der Arbeit beginnen, an deren Anfang dann der Vertrag zwischen dem Freistaat Bayern und dem Bayerischen Rundfunk stand, der in bemerkenswert einfacher Form die Zusammenarbeit der Partner regelte.

1966 begann der Bayerische Rundfunk eine Werbekampagne für das Telekolleg. Es galt, die Zuschauer und die an Fortbildung Interessierten mit einer völlig neuen Möglichkeit bekannt zu machen. Zu dieser Zeit gab es in der Bundesrepublik noch keinerlei Erfahrungen mit einem geschlossenen Medienverbundlehrsystem. Abwehr und Skepsis überwogen. Niemand war noch auf eine solche Form des Lernens eingestellt. Auch die Tatsache, daß seit 1964 Schulfernsehsendungen im Fernsehen ausgestrahlt worden waren, konnte noch nicht als neues Lernen bezeichnet werden.

Obgleich rund 30.000 Personen die detaillierten Informationen anforderten und rund 50% die Anmeldeformulare zurückschickten, kamen nur etwa 8.500 Teilnehmer zum ersten Kollegtag, 4.000 machten schließlich die erste Zwischenprüfung.

Etwa fünf Jahre hat es dann gedauert, bis sich der Begriff 'Telekolleg' wirklich in der Öffentlichkeit eingeprägt hatte, bis man 'Telekolleg' zu einer der Möglichkeiten des etablierten, organisierten Bildungsweges rechnete.

In Bayern startete der 1. Lehrgang mit 8.840 Teilnehmern, 2.176 (= 24,6%) bestanden die Abschlußprüfung; der Lehrgang 3 startete mit 2.031 Teilnehmern, 767 (= 37,8%) bestanden; beim Lehrgang 4, der mit 2.015 Teilnehmern begann, bekamen sogar 45,8% oder 922 Teilnehmer das Schlußzeugnis.

Die großen, umfangreichen Begleituntersuchungen, die erfreulicherweise von Anfang an durchgeführt werden konnten, geben Aufschluß über soziologische Fakten und Zusammenhänge, über die Prüfungsergebnisse. Neben Motivationsuntersuchungen standen die Untersuchung zur Didaktik oder zur Rolle des Lehrers im Mediensystem; laufende Einzelerhebungen begleiteten das System.

Von einigen Einschränkungen abgesehen, konnten diese Untersuchungen feststellen, daß das Telekolleg seine bildungs-politischen Ziele erreicht hatte. Etwa die Hälfte der Teilnehmer war älter als 25 Jahre und kam aus Orten unter 10.000 Einwohnern. Das Telekolleg hatte jenen eine Chance gegeben, die sonst kaum eine Möglichkeit zur Weiterbildung gehabt hätten. Und als sich dann auch andere Bundesländer und Rundfunkanstalten anschlossen, durfte man es als weiteren Erfolg ansehen, daß es gelungen war, den Lehrstoff der Fachoberschulen für das Telekolleg II in vier Bundesländern zu synchronisieren. Und nicht zuletzt hatte das Telekolleg mitgeholfen, einen großen Fortschritt auf dem Feld der Mediendidaktik zu erzielen, der allen anderen Fernsehprogrammen zugute kam. Der Elan des Anfangs und der Druck der knappen Produktionszeiten, das Engagement der Mitarbeiter hatten Programme entstehen lassen, die sich durch hohe professionelle Fernsehqualität auszeichneten und zugleich in der Vermittlung von Lehrinhalten einen Fortschritt bedeuteten.

Wenn wir heute bilanzieren, so sollte man eigentlich fragen können: Müßten nicht alle Beteiligten stolz auf das Erreichte sein und versuchen, den Elan des Anfangs und Aufbaus in die Normalität eines ständigen Bildungsangebotes zu überführen?

Doch die Zeiten haben sich geändert, und schon mag mancher die Feststellung: "Ein Programm macht seinen Weg", die aus Anlaß des zehnjährigen Bestehens des Telekollegs breit und stolz als Titel auf die Jubiläumsbroschüre gesetzt worden war, umändern in die Frage: Gibt es noch einen Weg für das Telekollegprogramm? Und auch der schlaue Fuchs, der auf der Rückseite dieser Broschüre das Sprechschild: "Ein guter Weg, Telekolleg" im Maul trug, mag sich in der Zwischenzeit die Zähne an den härter gewordenen Umständen ausgebissen haben.

Zunächst wäre einmal zu sagen, daß die Planer des Telekollegs mit einem Unternehmen auf Zeit gerechnet hatten, daß sie eine Lücke im Bildungswesen ausfüllen wollten. Als in den Jahren 1973 bis 1976 kein Telekolleg I ausgestrahlt wurde, aber dann erneut ins Programm kam, zeigt sich, daß trotz des fortschreitenden und fortgeschrittenen Ausbaus des Bildungswesens vielleicht immer eine bestimmte Zahl von Menschen da ist, die schon im Beruf stehen und dann entdecken, daß eine Fortbildung bis zur mittleren Reife für sie sinnvoll wäre. Müßten dann nicht für diese Interessenten ein System wie das Telekolleg zu einem Dauerangebot im Bildungswesen werden?

Aber ein solcher Entschluß fällt schwerer in einer Zeit der erkennbaren Bildungsmüdigkeit. Wir haben in der Zwischenzeit anderen Themen die Priorität zuerkannt. Die Bildungspolitiker haben wieder die Hinterbänke in den Parlamenten eingenommen, und in den Rundfunkanstalten blickt man weniger auf die Rundfunkgesetze, die von der Bildung reden, und mehr auf die Einschaltquoten. Man lesinnt sich auf die Tatsache, ein Massenmedium zu bedienen, und Massen sind eben nie mit Bildung zu erreichen. Man ersetzt den Begriff "Studienprogramm" durch "Bayerisches Fernsehen", weil "Studienprogramme" die Massen abschrecken.

Gleichzeitig wird den Erziehungsbehörden angesichts sinkender Geburtenzahlen und zunehmender Lehrerzahlen klar, daß man vielleicht auf eingefahrenen Gleisen auch fahren kann. So gibt das Bayerische Kultusministerium eine Broschüre heraus, die alle Hauptschulabsolventen in Bayern über die Möglichkeiten der beruflichen Bildung informieren soll und alle Berufsschulen, Kollegs und berufsbegleitende Ausbildungs- und Bildungsmöglichkeiten genauestens beschreibt. Auch der zweite Bildungsweg wird exakt vorgestellt. Nur das Telekolleg wird mit keinem Wort erwähnt. Das einst legitime Kind ist zum illegitimen geworden. Schämt man sich des Bankerts oder hat man das im Rausch der Bildungsbegeisterung gezeugte Kind einfach vergessen ?

Das Telekolleg, einst in Festreden hochgerühmt und als Ergebnis vorausschauender, zukunftsoffener Bildungspolitiker gerühmt, scheint nichts mehr herzugeben. Die schärferen Winde der Gegenwart haben den Glanz abgeschliffen und die einst stolze Bilanz scheint nach der Schlußbilanz zu rufen.

In der Teleskopie-Relation zählen die paar tausend Telekollegabsolventen nichts. Im Vergleich zu den 40% der Geräte, die mit Unterhaltungssendungen erreichbar sind, zählen die ein oder zwei Prozent der Minderheitenprogramme nicht mehr. Auch wenn diese zwei Prozent der eingeschalteten Geräte mehr Menschen zusammenbringen, als sie jede Großveranstaltung, jedes Theater auf die Beine bringt, so bleiben sie doch lächerlich wenig gegenüber den Massen, die sich bei den Unterhaltungshits einschalten. Schließlich mußte man den Minderheiten marginale Sendezeiten zuweisen, um nicht die Massen zu vergrämen, Sendezeiten, bei denen die Lernwilligen und die festen Teilnehmer gar nicht mitmachen konnten, weil sie noch in der Arbeit waren, mit dem Ergebnis, daß die Einschaltquote sich in Richtung Null bewegte und man die Frage stellen mußte: Sollen wir nicht besser mit den Nullprozentern aufhören ? Falsch wäre es, wenn das verbliebene Häuflein der Bildungsprogramm-Macher glaubte, gegen die klar erkennbare Tendenz schwimmen zu können. Ihre Absichten mögen löblich sein, aber sie würden sich zu Tode rudern gegen einen anderen gesellschaftlichen und politischen Willen. Vieles ist nicht gelungen, vieles konnte nicht gelingen, weil der entscheidende politische Wille fehlte.

Und auch ich muß sagen, daß ich mich als Funktionär, als Sachwalter für Geld und in der Sorge um die Mitarbeiter bei den 18 oder mehr Prozent der für die "Sprechstunde" eingeschalteten Geräte wohler fühle als bei den Ein- und Nullprozentern, die ich als Leiter des Telekollegs zu vertreten habe. In einer Gesellschaft, in der Erfolg in Quantitäten, nicht in Qualitäten gemessen wird, kann nur der überleben, der neben die Qualitäten auch Quantitäten zu stellen vermag.

Die Begeisterung der sechziger Jahre ist nüchternen Zahlen gewichen, und diese drohen, Einrichtungen wie dem Telekolleg das Licht auszublasen.

Aber was haben wir eigentlich erwartet, so könnte man auch fragen. Die rund 17. 000 Telekollegabsolventen oder ein Millionenpublikum ? Hat im Ernst jemand gehofft, die halbe Nation würde sich jeden Tag mehrere Stunden lang belehren lassen ? Wieviele Personen besuchen denn wirklich Volkshochschulen, in Prozenten von der Gesamtbevölkerung ausgedrückt, auf das einzelne Fach, die einzelne Unterrichtsstunde bezogen ? Doch kaum eine meßbare Quantität. Und wären für diese wenigen Interessierten nicht auch die vielen Millionen, die in das Münchner Pilot-Projekt gesteckt werden, eine unvertretbare Investition ? Und ganz sicher kann man die Situation, daß nur verschwindend wenig Menschen bereit und interessiert sind, zu einer bestimmten Zeit einen bestimmten Stoff zu lernen, nicht oder nur nicht meßbar verändern. Wer hat denn daran geglaubt, die Massen zu Lernheroen dressieren zu können ? Die Telekollegiaten zählen einfach nicht, wenn man den sozialen Aspekt, die Sozialpflicht des Rundfunks außer acht läßt, wenn man den Bildungsauftrag nur sehr allgemein und nicht einschließlich auch von Ausbildung betrachtet.

Auch das Telekolleg scheint, wenn wir Bilanz ziehen wollen, nicht so stark gewesen zu sein, daß es die neuen Kommunikationsmedien und -möglichkeiten in das herkömmliche Bildungswesen hätte integrieren können. Overhead-Projektoren, Filmprojektoren und vielleicht auch Video-Recorder konnten vom Ausbildungssystem gleichsam eingesogen werden, weil sie sich vom herkömmlichen Lernzwang nur unwesentlich unterscheiden. Der Lehrer mußte nicht mehr tun, als ein ein wenig umgeformtes Handwerkszeug zu akzeptieren. Der Schritt von der Wandtafel zum Overhead-Projektor ist ein nur gradueller materialer, der Schritt zur Einbindung aber etwa der Fernsehtechnologie mit der damit verbundenen neuen Aufbereitung des Stoffes und der Neudefinition der verschiedenen Funktionen der Lernzwänge, den Lehrer eingeschlossen, scheint so wesentlich zu sein, daß ein Bildungswesen, das immer auch die Tradition vor dem Voranschreiten sieht und sehen muß, bei der ersten sich bietenden Gelegenheit den vorwitzigen Medienburschen entweder ganz abzuschütteln oder in seine Schranken zu verweisen scheint. So darf im Schulfernsehen der auf Videoband gespeicherte Stoff eine Teilfunktion, meist eine Animationsfunktion, übernehmen, während das klare Einbringen des Systems "Telekolleg', und zwar als ständige Einrichtung, das Bildungssystem selbst verändern würde und müßte.

Als Ergebnis des Experiments 'Telekolleg' kann man vielleicht festhalten: Fernsehbildungsprogramme können einen vorhandenen Bedarf bei einer Zielgruppe, einer Schulgattung oder Bildungseinrichtung befriedigen, wenn sie den Bedürfnissen entsprechend geplant, produziert und angeboten werden. Fernsehbildungsprogramme wie das Telekolleg sind effizient und sie sind dort, wo nicht die gesamte Bevölkerung, sondern nur Teile der Bevölkerung wegen des nur partiell vorhandenen Interesses erreicht werden sollen und können, kostengünstiger als vergleichbare Bildungseinrichtungen.

Fernsehbildungsprogramme könnten innovierend Bildungsbedürfnisse wecken oder am Leben erhalten, insofern sie lange genug attraktiv genug und eindeutig, das heißt auf die Bedürfnisse abgestimmt, angeboten werden. Die Beendigung eines Mediensystems wie des Telekollegs koppelt mit Sicherheit jene von den Chancen der Ausbildung ab, die sowieso schon zu den Schwächeren der Gesellschaft gehören, des besonderen Schutzes und damit auch eines Angebotes, das zu ihnen kommen muß, bedürfen. Fernsehbildungsprogramme können nicht mit einem Massenpublikum rechnen, aber sie erreichen im Normalfall mehr Abnehmer als jede andere Bildungseinrichtung. Ein Mediensystem wie das Telekolleg ist offener als jede andere Bildungseinrichtung. Während der herkömmliche Schulunterricht und auch die Bildung in Erwachsenenbildungseinrichtungen sich hinter verschlossenen Türen vollziehen, bietet das Telekolleg Bildung öffentlich an, macht sie öffentlich, veröffentlicht sie geradezu. Damit werden Bildungsinhalte und die Form der Bildungsvermittlung in einer offeneren Form zugänglich, überprüfbar und diskutierbar. Mediensysteme wie das Telekolleg reichen in den privaten Raum der Familie hinein, sind aber gleichzeitig öffentlich, sie nutzen die neuen Medientechniken, ohne den persönlichen Raum der privaten Aneignung zu stören und bieten gleichzeitig im Angebot der Kollegtage jene Phase des sozialen Lernens und Kontaktes an, der für die Bildung unerläßlich ist.

Mediensysteme im Bereich der Bildung und vor allem Fernsehbildungsprogramme unterliegen mehr als Unterhaltungssendungen politischen und bildungspolitischen Voraussetzungen. Sie haben nur dann Bestand, wenn sie aus dem Terror der Einschaltquoten herausgenommen und wegen ihrer gesellschaftspolitischen Bedeutung gewollt und durchgesetzt werden.

Die Erfahrung mit dem Telekolleg hat aber auch gezeigt, daß man Medienbildungssysteme unabhängig von den aktuellen Einflüssen der gerade herrschenden Strömung durchführen müßte, wenn man überhaupt an der Entwicklung neuer Technologien auf einem Bildungsbereich interessiert ist.

Fernsehbildungsprogramme können eine Feuerwehrfunktion im schulischen und außerschulischen Bereich haben, etwa dort, wo ein akuter Lehrermangel ihren Einsatz erforderlich macht. Sie sollten jedoch zunehmend unabhängig von dieser Funktion gesehen werden, da sie der Schule und dem Lernenden Material anbieten, das auf keinem anderen Wege in das Bildungswesen eingebracht würde.

Die Entwicklung oder das Ende des Telekollegs wird immer wieder in Verbindung gebracht mit der Entwicklung der Kabelkommunikation und der Möglichkeit eines Verteilersystems der Inhalte über Kassetten. Schon heute aber läßt sich absehen, daß bis ins neunzigste Jahrzehnt hinein wohl nur das über öffentliche Sender ausgestrahlte Programm flächendeckend und zu einem vertretbaren Preis Bildung zu demokratisieren vermag. Dies schließt nicht aus, daß die genannten technischen Möglichkeiten zusätzlich genutzt oder angeboten werden können.

Das Telekolleg bräuchte in einer gegenwärtigen Phase der Resignation und der bildungspolitischen Unsicherheiten einen neuen Anstoß, zumindest in Bayern, um weiter existieren zu können.

Schlußbilanz:

Dies könnte auch bedeuten, daß wir neu beginnen müssen, daß zum Beispiel ein neues Telekolleg geschaffen wird, das in einem Vorschalttrimester einerseits denjenigen hilft, die den qualifizierenden Hauptschulabschluß machen wollen, und jenen, die seit Jahren der Schule entfremdet sind, den Einstieg in das eigentliche Telekolleg erleichtert.

Neuproduktionen der Sendungen und Neuorganisation der Lernzusammenkünfte sind nicht möglich ohne das eindeutige Engagement der Beteiligten, es sei denn, man wolle in Zukunft Abstand nehmen von verbindlichen Inhalten und Abschlüssen.

Erfahrungen mit CUL (Computerunterstützter Unterricht der Lufthansa)
Experiences with CUL (Computerunterstützter Unterricht der Lufthansa)

R. Kamermann
Seeheim-Jugenheim

Der Computer-unterstützte Unterricht kommt bedauerlicherweise in vielen Feldern nicht mehr so zum Tragen, wie man das vor einigen Jahren versprochen hatte. Aus diesem Grunde will ich einmal über den positiven Einsatz des Computer-unterstützten Unterrichts in einem Bereich der Luftfahrt berichten.

Seit nunmehr 7 Jahren werden die Angestellten der Lufthansa in den Bereichen Verkauf und Verkehr im Schulungszentrum der Lufthansa in Seeheim an der Bergstraße ausgebildet. Dafür werden etwa 60 verschiedene Lehrgangstypen in deutscher und ca. 50 in englischer Sprache angeboten. Über 50 Lehrkräfte befassen sich hauptsächlich und hauptamtlich mit der Aus- und Fortbildung von Lufthansa-Mitarbeitern, die in Stadtbüros und auf Flughäfen den Kontakt mit dem Kunden pflegen. Diese Verkaufs- und Verkehrsschule der Lufthansa, die bereits seit 1957 -früher in Hamburg- besteht, hat den größten Teil des Seeheimer LH-Schulungszentrums belegt.

In einem System von stufenweise aufbauenden Lehrgängen werden neue Mitarbeiter in ihren Tätigkeitsbereich eingeführt, ausgebildete Mitarbeiter auf Selbständigkeit vorbereitet und erfahrene Mitarbeiter in die Funktionen von Sektions- und Gruppenleitern eingewiesen. Die Dauer der Lehrgänge variiert zwischen 3 Tagen für einige Spezialkurse und fünf Wochen für Führungsnachwuchs. Bei den Lehrgängen wechseln aktive Gruppenarbeiten, Referate, Diskussionen und praktische Übungen mit der konventionellen Vermittlung von Lehrstoff ab. Jeder Tag ist mit 6 bis 7 Unterrichtsstunden ausgefüllt. In schriftlichen Arbeiten beweisen die Schüler, daß sie den Anforderungen des Unterrichts gewachsen sind.

Das vielleicht als kleine Einleitung, und nun zum Computer-unterstützten Unterricht, der uns bei dieser Ausbildung hilft.

Bei der innerbetrieblichen Aus- und Weiterbildung setzt die Lufthansa seit einigen Jahren den Computer-unterstützten Unterricht ein. Unsere Abkürzung dafür lautet "CUL" :

"COMPUTER-UNTERSTÜTZTER UNTERRICHT DER LUFTHANSA"

Ca. 10.000 Angestellte aus den Bereichen Verkauf und Verkehr wurden zwischenzeitlich mit Hilfe von "CUL" ausgebildet.

- Wie werden CUL-Programme erstellt ?

Die Lehrprogramme werden von Fachlehrern (bei uns Programmautoren genannt) entwickelt, nachdem die Lehrthemen und die Lernziele zusammen mit den Ausbildungsgruppen festgelegt wurden. Die Texte werden computergerecht vorbereitet und per Lochkarte -seit 1978 im "On-Line-System"- über Bildschirmgeräte in den Zentralcomputer der Lufthansa, eine Univac-Anlage, eingegeben. Über diesen Computer wird der größte Teil der EDV-Aufgaben der Lufthansa, z.B. Fluggastabfertigung, Platzbuchung, Hotelbuchung, Flughafen- und Städteinformationen, Verkehrssteuerung, Flugzeugumlauf, Besatzungsumlauf, Flugwegplanung, automatisierte Flugscheinausstellung im sogenannten "Real-Time-System" abgewikkelt.

Dieses System muß - und das tut es auch - im 24-Stundenbetrieb arbeiten. Es bot sich geradezu an, diese comfortable Computeranlage auch für "CUL" zu nutzen. Nachdem die Schulungsprogramme erstellt, ausgetestet und für den Lehrbetrieb freigegeben sind, können sie von z.Zt. ca. 2500 Bildschirmgeräten, die weltweit an den Zentralcomputer angeschlossen sind, in deutscher oder englischer Sprache abgefragt werden. Auch im Schulungszentrum in Seeheim stehen 18 Bildschirmgeräte für den Lehrbetrieb zur Verfügung.

CUL kann mit den verschiedensten Unterrichtsmedien kombiniert werden; darauf werde ich noch im Laufe meines Vortrages zurückkommen. Die Grundausbildung für das Verkaufs- und Verkehrspersonal beginnt mit einem Einweisungslehrgang, der drei Wochen dauert. Davon sind ca. 20 Stunden für die Computer-unterstützte Ausbildung, mit Hilfe der CUL-Lehrgangsprogramme, vorgesehen. Der Frontalunterricht wird mit CUL kombiniert, d.h. die Regeln, die innerhalb der Platzbuchung oder der Fluggastabfertigung bestehen und zu beachten sind, werden auf konventionelle Art erklärt. Das Anwenden des so vermittelten Wissens erfolgt Computer-unterstützt.

Dabei geht man nach der Strategie vor, daß der Schüler mit praktischen Situationen konfrontiert wird, auf die er dann reagieren muß. Wird die Aufgabe richtig gelöst, dann erhält der Schüler die simulierte Systemantwort als positiven Lernverstärkungsbescheid. Bei falscher Eingabe wird eine Fehlanzeige ausgegeben, die auch dem "Real-Time-System" angepaßt ist.

Beim zweiten Versuch wird zusätzlich ein Beispiel auf dem Bildschirm gezeigt. Ist auch der dritte Versuch erfolglos geblieben, so gibt das System zwar die richtige Ausgabe vor, doch muß der Lernende zu einem späteren Zeitpunkt weitere Übungsaufgaben lösen. Beherrschen die Schüler die Eingaben und können sie die Ausgaben interpretieren, so folgt ein Simulationstraining in speziel dafür eingerichteten Übungsräumen. Dabei geht man so vor, daß ein oder zwei Schüler den Reservierungs- oder Abfertigungsagenten spielen, während weitere Gruppenmitglieder als Fluggäste agieren. Der Ausbilder übernimmt die Rolle des Beobachters und gibt, wenn erforderlich, Hilfestellung.

Das Schema "Grundlehrgang Fluggastabfertigung" zeigt den Ablauf wie in Bild 1.

Nun kann und soll der Computer-unterstützte Unterricht keine Lehrkräfte ersetzen, denn ein wichtiger Bestandteil aller Lehrgänge bei Lufthansa ist das Verhaltenstraining.

Es ist von entscheidender Bedeutung für eine Luftverkehrsgesellschaft, daß die Angestellten in einem höflichen service-orientierten Ton mit den Fluggästen sprechen. Dieses "wie sage ich es meinem Kunden" kann kaum per Computer vermittelt werden. Dafür ist eine ausgebildete Fachkraft mit Service-Erfahrung unersetzlich.

Jetzt noch einmal kurz zu den Anlagen, die wir für den Computer-unterstützten Unterricht und für das Betriebsprogramm benutzen.

Seit 1970 war das die Univac 494-Anlage, seit 1978 die U 1100/82, U 1100/83 mit ca. 2000 K Kapazität. Aus der Entwicklung, COPI, dieses Paket wurde mit von Univac übernommen, und COPI steht für:

"Computer Oriented Programmed Instructions"

wurde für die Lufthansa-Belange: CUL. Mit der U 1100-Anlage haben wir jetzt eine neue Programmsprache, nämlich "ASET".

"Author System for Education and Training".

Einige Kommandos gleichen der vorherigen Sprache. Über jedes Betriebsgerät, wie ich schon vorhin erläuterte, können die Schulungsprogramme abgerufen und durchgearbeitet werden. Dafür ist ein bestimmtes "Schulungs-Sign-In" erforderlich, also ein bestimmter "Code".

Es ist praktisch möglich, in Seeheim in der Schulung ein Lehrprogramm zu beginnen und etwa 50 Aufgaben durchzuspielen. Würde man dann z.B. nach New York fliegen, sich an ein Bildschirmgerät setzen, das an den Zentralrechner in Frankfurt angeschlossen ist und "seinen Code" wieder eingeben, so würde man dort aufgesetzt, wo man in Seeheim das Programm unterbrochen hatte.

- Was wird mit Hilfe con CUL gelehrt?

Der Computer lehrt, wie man mit ihm arbeitet, und da grenzt sich unser Einsatzgebiet für Bildung ganz allgemein ab. Wir lehren über CUL, wie der Computer, oder besser gesagt das Ein- und Ausgabe-Terminal, in der Praxis zu bedienen ist. Dafür sind Anfängerprogramme für Fluggastabfertigung von etwa max. 20 Stunden vorhanden. Wer schon Erfahrung hat und Maschine schreiben kann, schafft es auch in 12 Stunden. Einige haben das Programm sogar in 6 Stunden absolviert. Dazu gibt es Aufbauprogramme über Steuerungstransaktionen für Abfertigung, d.h. Flüge einrichten, zusätzlich einrichten, Flüge annulieren. Dafür sind natürlich wieder zusätzliche Berechtigungen erforderlich, die in dem "Betriebs-Sign-In" enthalten sind. Ein Anfängerprogramm für Reservierung ist vorhanden, Programme für die automatisierte Flugscheinausstellung, für das Absetzen von Fernschreiben -auch das geht bei uns über Bildschirm- einige Demonstrationsprogramme und -nicht zu vergessen- Spielprogramme.

Da möchte ich einige Worte zu der Motivation sagen, nämlich, wie kommt das Ganze bei unseren Lernenden an ?

Wir können aus dieser fast 10-Jahre-Erfahrung sagen, positiv.
Der Spieltrieb reicht sogar so weit, daß Leute Programme durcharbeiten, die sie für ihre Tätigkeit gar nicht benötigen. Wichtig ist dabei noch, daß mit dem Programm Simulationen durchgeführt werden können. Aufgabe und Zielsetzung ist es, bei Betriebseinführung von neuen "Real-Time-Systemen" die Anwender richtig geschult zu haben.

Nehmen wir ein Beispiel.

Ein Reservierungsprogramm soll ab einem bestimmten Zeitpunkt eingesetzt werden. Dann ist es unsere Aufgabe, die etwa 6000 Reservierungsangestellte bis dahin ausgebildet zu haben, damit sie mit dem neuen System umgehen können.

Jetzt zu der Kombination von Medien.

Da gibt es natürlich die Möglichkeit, daß der Lehrer die Ein- und Ausgaben erklärt und im Anschluß daran Übungen am Terminal per CUL gemacht werden.

Eine zweite Methode ist die Kombination zwischen programmierten Unterweisungen in Buchform, in denen die "Codes" erklärt werden; also das, was der Lehrer im anderen Modell tat, und nach jeweils einer Stunde Arbeit ein Übungsprogramm über CUL. Dieses Übungsprogramm sollte nie länger als 1 1/2 bis 2 Stunden dauern. Dann läßt nach unserer Erfahrung die Konzentration nach. Das würde bei diesem System -bei der Strategie, so wie wir diese Programme aufgebaut haben- dazu führen, daß der Schüler Fehler macht, mit der Zeit frustriert wird und sich dazu noch zusätzlich Aufgaben vom Bildschirm holt, weil er eben einige Male daneben getippt hat. Es würde mehr Zeit kosten, und das wollen wir auf jeden Fall vermeiden.

Die dritte Möglichkeit: CUL selbsterklärend, d.h. die Texte, die Erklärungen, die der Lehrer gibt, oder die in der programmierten Unterweisung stehen, in das CUL-Programm mit hineinzunehmen. Das bietet eine hervorragende Möglichkeit der Verzweigung. Man hat dann eine genaue Fehlerkontrolle und kann zu dem entsprechenden Problem noch einmal Wiederholungen oder Zusatzerklärungen ausgeben lassen.

Welche Methode angewandt wird -und bei uns finden alle drei Verwendung-, richtet sich danach, ob die Schulung zentral im Schulungszentrum in Seeheim stattfindet oder dezentral in den Außenstellen. Wir haben zwei Modellversuche gemacht. Auf den Flughäfen war eine dezentrale Schulung in den meisten Fällen nicht möglich, denn die Bildschirmgeräte sind in die Abfertigungsschalter eingebaut, und man kann einem Neuling das Lernen am Schalter im Publikumsverkehr kaum zumuten. Aus diesem Grunde haben wir den damaligen Versuch abgebrochen. Wir haben dann begonnen, ein neues Programm aufzubauen, nämlich für die Reservierungsmitarbeiter, die im Stadtbüro "hinter den Kulissen" sitzen und Anrufe entgegennehmen. Diese Leute arbeiten an einem dezentralen Programm; und zwar arbeiten unsere neuen Mitarbeiter 9 Tage an programmierten Unterweisungen, jeweils unterbrochen durch den Übungsteil per CUL. Dazu gibt es einen Leitfaden, so daß mitverfolgt werden kann "Wo stehe ich denn nun im Programm ?" Dieses Muster stelle ich

Ihnen in Bild 2 vor. Es gibt eine generelle Einweisung, gefolgt von der Durcharbeitung der Programmierten Unterweisungen, z.B. Lufthansa-Geographie, damit ist das Lufthansa Streckennetz gemeint.

Anschließend geht der Lernende an das Bildschirmgerät und arbeitet das Programm "TASTE" durch. In diesem Programm lernt er mit der Tastatur umzugehen; danach erfolgt wieder Unterricht per Programmierter Unterweisung: "INFO TRANSAKTIONEN". Am 5. Tag kann bereits die Beobachtung eines Kollegen am Schalter oder am Telefon über entsprechende Reservierungsvorgänge vorgesehen werden. In diesem Medienwechsel Praxis, Programmierte Unterweisung und Computer-unterstützter Unterricht arbeiten die neuen Kollegen 9 Tage in ihrem Büro bevor sie zu einem zweiwöchigen Lehrgang nach Seeheim kommen, um zusätzliche Themen zu lernen. Über Reservierung wird da nicht mehr gesprochen, es wird noch ein Test gemacht. Dafür existiert ein Testprogramm per CUL.

Zum Aufbau von CUL- und ASET-Programmen

Es gibt etliche Bereiche, die berücksichtigt werden müssen, ganz besonders die Lernverstärkung.

Wir haben einmal versucht, die Lernverstärkungen etwas "humorvoll" zu bringen. Bei etlichen Kollegen kam das sehr gut an, einige mochten das gar nicht und z.Zt. haben wir uns ganz einfach darauf konzentriert, die "Reinforcements" kurz und informativ zu halten, möglichst dem "Real-Time-System" angepaßt, so daß es eine Hilfe für den Lernenden wird; weder eine positive noch negative Aussage.

- Die Programme können mit Parallelbeispielen aufgebaut werden, so daß bei Wiederholungen nicht noch einmal dieselbe Aufgabe auf den Bildschirm kommt.
- Die Programme können mit Verzweigungen oder linear aufgebaut werden, aber das bestimmt der Arbeitsbereich und damit der Adressatenkreis sowie die Lernziele, die für den Lehrgang vorgegeben sind.

Dazu gibt es "Refresher-Programme". Diese sind innerhalb bestimmter Zeiträume durchzuarbeiten. Eine Überwachung erfolgt per Computer, der bei Nichterfüllung einen Hinweis ausdruckt.

Eingebunden in CUL ist ein sogenanntes "Help-Programm". Die Mitarbeiter bekommen von uns nach Absolvierung eines Lehrganges eine Plastic-Karte mit Transaktionskennungen (siehe Bild 3). Auf dieser Karte sind alle Eingaben für eine bestimmte Aufgabe gedruckt. Nur: "Was für ein Pech, nun ist die Karte im falschen Anzug und man weiß nicht mehr, wie geht denn dieses schwierige Format noch, wie ist die Eingabe ?"
- dann kann man eingeben "HELP" und den "CODE" dazu, man bekommt ein Muster auf den Bildschirm und
- kann darunter seine Eingabe für den jeweiligen Passagier machen;
- man drückt die Übertragungstaste und

damit ist der Vorgang abgehandelt.
Dieses "HELP" kann abgefragt werden, ohne daß erst der Schulungscode eingegeben wird. D.h. also, mit "Betriebs-Sign-In" ist der Zugriff darauf möglich.

Schulung mit integriertem Verhaltens-Training

Bei CUL ist es wichtig, dem Lernenden zu sagen, wie die Informationen, die auf dem Bildschirm aufgrund seiner Eingabe erscheinen, umgesetzt und an den Kunden weitergegeben werden. Verhaltenstraining wird von uns nicht über CUL geplant. Dazu ist der persönliche Kontakt erforderlich, und wir versuchen das in Rollenspielen abzudecken. Zusätzlich setzen wir CUL ein für die START-Schulung. Seit 1979 werden deutsche Reisebüros an die Systeme der Bundesbahn, TUI und Lufthansa angeschlossen. Über ein Terminal, das von der Firma Siemens entwickelt wurde, ist es möglich, auf alle 3 Leistungsträger-Computer zuzugreifen. Unsere Aufgabe ist es, die Reisebüroexpedienten mit unseren Programmen vertraut zu machen, und zwar einmal in der Reservierung, und zum anderen in der automatisierten Flugscheinausstellung. Dafür nutzen wir auch wieder CUL, denn der Zwischenrechner, der die Verzweigung zu Lufthansa, zur Bundesbahn und zu TUI möglich macht, arbeitet im transparenten System. Er läßt Eingaben aus dem Schulungssystem Lufthansa in die U 494 oder U 1100 laufen, und die Schulungsprogramme erscheinen auf dem Reisebüro-Terminal. Wir haben im vergangenen Jahr rund 1200 Leute zusätzlich ausgebildet, die in Reisebüros Dienst tun. Das Programm steht selbstverständlich auch dezentral zur Verfügung.

Abschließend wäre noch zu erwähnen, daß CUL kein Lehrerersatz sein soll, sondern wir wollen die sogenannten "Paukthemen", um das Eingeben zu üben, dem Ausbilder abnehmen. Wir wollen ihn für andere Aufgaben freistellen, z.B. für das Verhaltens-Training.

Zu den Vorteilen von CUL oder ganz allgemein Computer-unterstütztem Unterricht:

1) Individuelle Lerngeschwindigkeit
2) Jedem Lernenden wird gleiches Wissen vermittelt, dadurch gleicher Standard.
3) Genaueste Antwortenkontrolle durch den Computer
4) Der Lernende ist immer aktiv
5) Die Schulung und Wiederholungsschulung kann bei der Lufthansa am Arbeitsplatz weltweit durchgeführt werden.

Nachteile von CUL:

1) Die Kombination zwischen Hören und Sehen fällt weg.
2) Der Wiederholungseffekt im Klassenverbund entfällt, nämlich jeder arbeitet für sich.
3) Und der Objektivität halber: wenn die Programme schlecht sind, wird auch das Lernergebnis negativ sein.

Ich hätte Ihnen gern einige Beispiele an einem Terminal vorgeführt, aber aus technischen Gründen war das nicht möglich. Ich möchte aber dazu einladen, sich das CUL-System einmal anzuschauen. Dazu bietet sich die Möglichkeit, in unser Schulungszentrum nach Seeheim zu kommen oder eines unserer Stadtbüros bzw. einen Flughafen zu besuchen und sich ein Terminal vorführen zu lassen. Die Terminkoordination würde ich recht gern übernehmen und würde mich freuen, Sie bei uns zu begrüßen. Ich bin in Seeheim-Jugendheim unter folgender Tel. Nr. zu erreichen: 06257 - 80 708

Ablaufplan des dezentralen Schulungsteils BV/A1 ERS

	VORGESETZTER/ KOLLEGE/PRAXIS	LEHRBUCH/ PROGRAMMIERTE UNTERWEISUNG	ENTHALTENE TRANSAKTIONSCODES	CRT-PROGRAMME	LERNZEIT IN STD.	
1	Begrüßung, Vorstellung					6,00
	Allgemeines				2,5	
		Einführungsbroschüre BV/A1 ERS			0,5	
		1.1 Lufthansa-Geographie Teil 1			0,75	
		1.2 IATA-ICAO, Verkehrsrechte, Pool			1,5	
		1.1 Lufthansa-Geographie Teil 2			0,75	
2		1.3 Teil 1 : Arbeitsflugplan			2	5,75
		1.1 Lufthansa-Geographie Teil 3			1,25	
		1.6 Berechnung von Flugzeiten			0,5	
		1.3 Teil 2 : LH-Organisation und Nachrichtenübermittlung			1	
				TASTE :Bedienungshinweise CRT	1	
3		3.1 Unabhängige Info-Transaktionen			1	5,50
			CI FI IR CP CY			
				LUBUC : Entsprechende Übungen	1	
		1.1 Lufthansa-Geographie Teil 4			0,75	
		3.2 PNR - Aufbau			0,75	
			S N C O B EOF A			
				LUBUC : Entsprechende Übungen,Arrival	1	

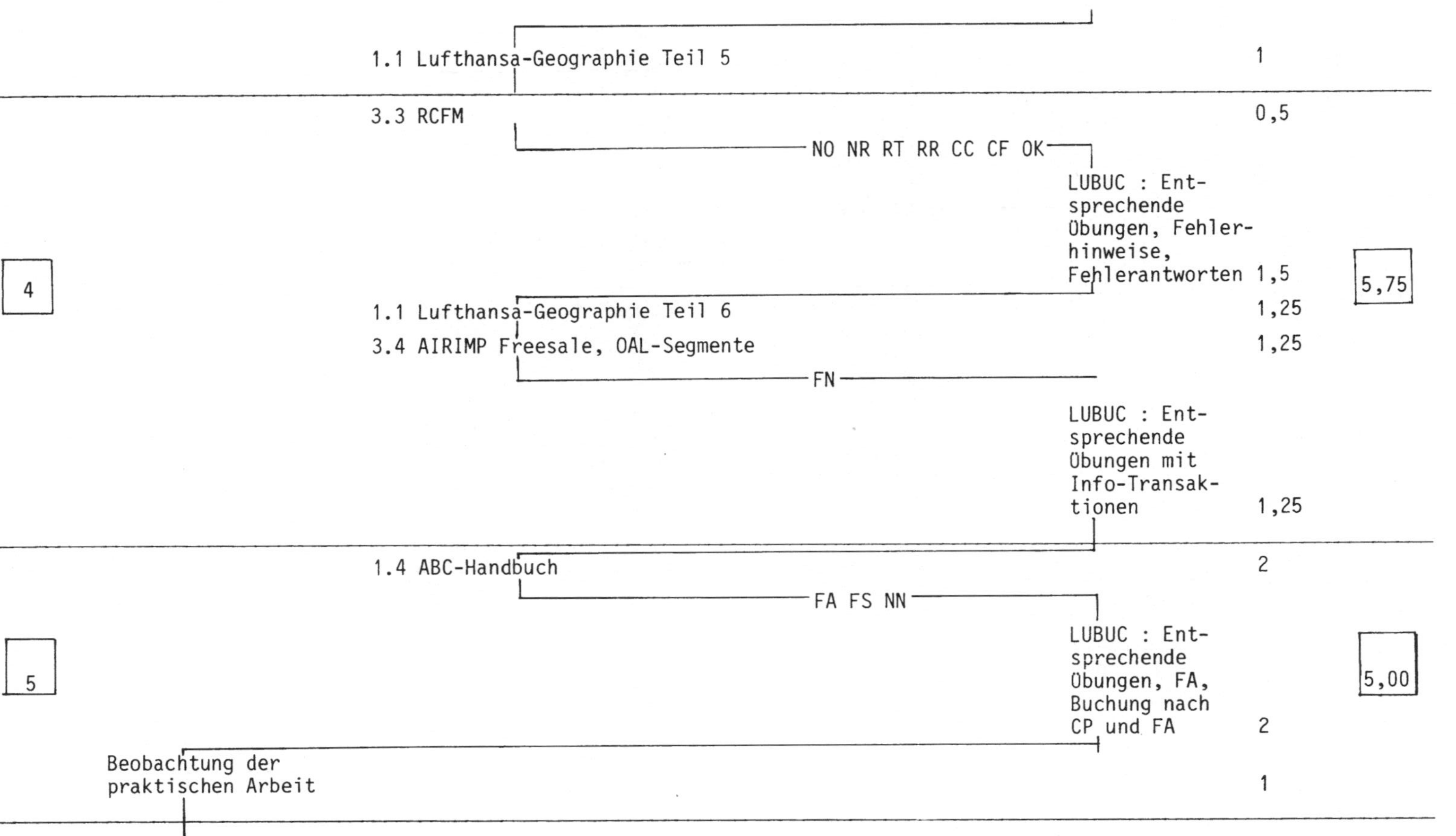
1.1 Lufthansa-Geographie Teil 5
1
3.3 RCFM
0,5
NO NR RT RR CC CF OK
LUBUC : Entsprechende Übungen, Fehlerhinweise, Fehlerantworten
1,5
4
5,75
1.1 Lufthansa-Geographie Teil 6
1,25
3.4 AIRIMP Freesale, OAL-Segmente
1,25
FN
LUBUC : Entsprechende Übungen mit Info-Transaktionen
1,25
1.4 ABC-Handbuch
2
FA FS NN
LUBUC : Entsprechende Übungen, FA, Buchung nach CP und FA
2
5
5,00
Beobachtung der praktischen Arbeit
1

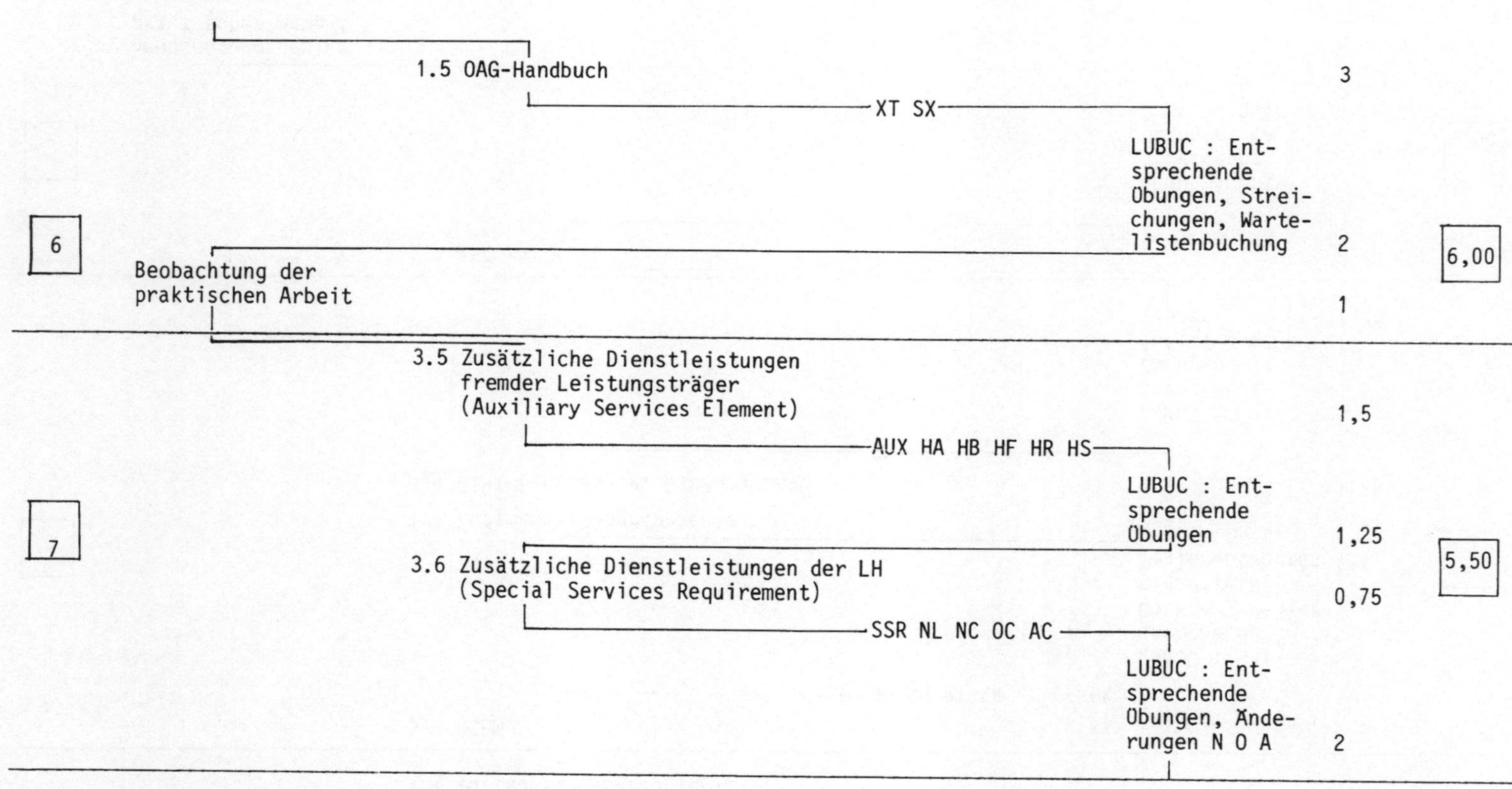

6
1.5 OAG-Handbuch
3
XT SX
LUBUC : Entsprechende Übungen, Streichungen, Wartelistenbuchung
2
6,00
Beobachtung der praktischen Arbeit
1
3.5 Zusätzliche Dienstleistungen fremder Leistungsträger (Auxiliary Services Element)
1,5
AUX HA HB HF HR HS
LUBUC : Entsprechende Übungen
1,25
7
3.6 Zusätzliche Dienstleistungen der LH (Special Services Requirement)
0,75
5,50
SSR NL NC OC AC
LUBUC : Entsprechende Übungen, Änderungen N O A
2

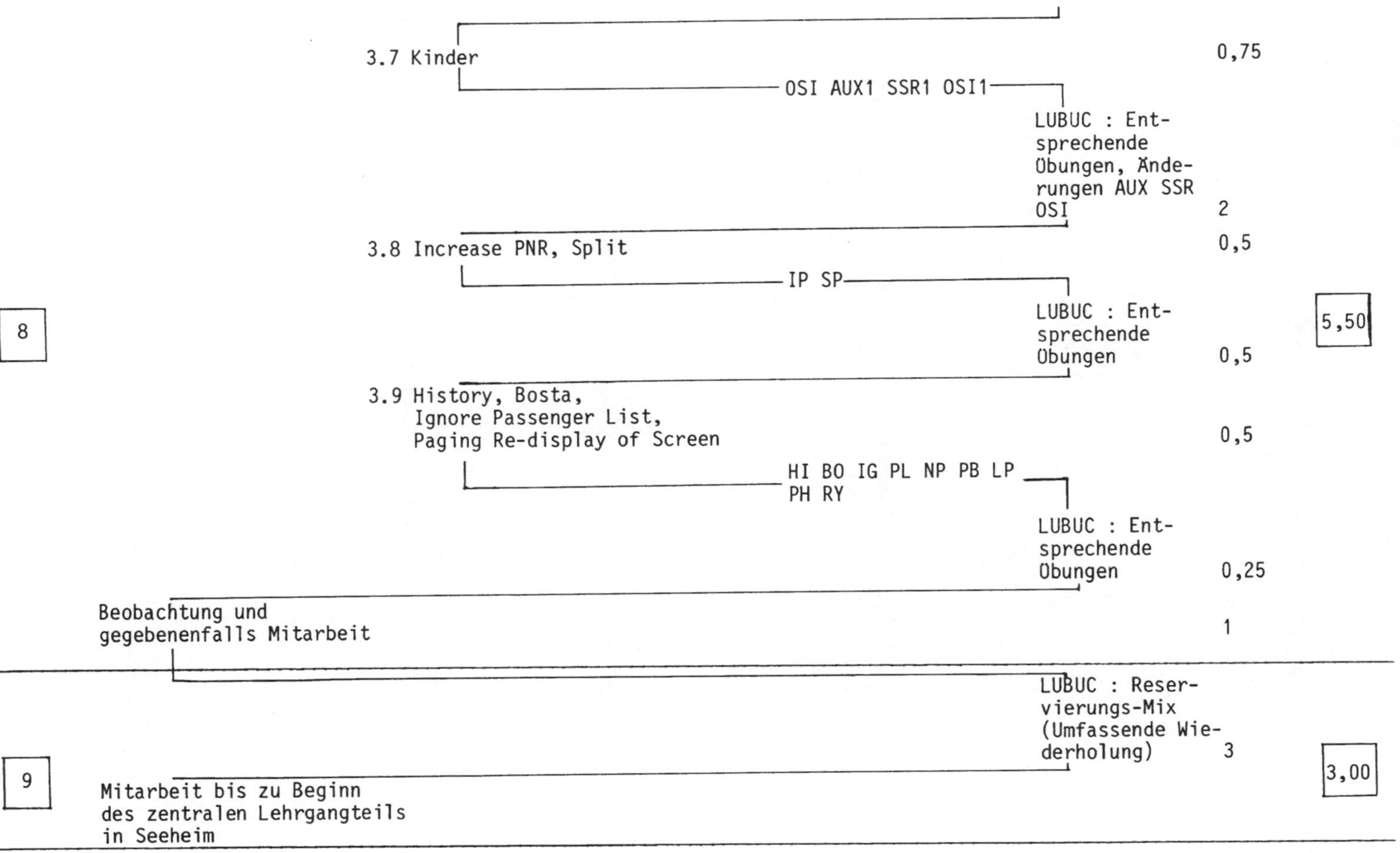
3.7 Kinder
0,75
OSI AUX1 SSR1 OSI1
LUBUC : Entsprechende Übungen, Änderungen AUX SSR OSI
2
3.8 Increase PNR, Split
0,5
IP SP
LUBUC : Entsprechende Übungen
0,5
8
5,50
3.9 History, Bosta, Ignore Passenger List, Paging Re-display of Screen
0,5
HI BO IG PL NP PB LP PH RY
LUBUC : Entsprechende Übungen
0,25
Beobachtung und gegebenenfalls Mitarbeit
1
LUBUC : Reservierungs-Mix (Umfassende Wiederholung)
3
9
Mitarbeit bis zu Beginn des zentralen Lehrgangteils in Seeheim
3,00

Bild 3 Transaktionskennungen (Quelle: Lufthansa)

Autom. Flugscheinausstellung
Transaktionskennungen

Transaktionsart	Code	Eingabebeispiel
Adding Title/Initial	Laufnr. des Namens	1 /PROF 3 /GRAF DR
Cancel Element	XE	XE 5/6/7/9
Change Element	Laufnr. des Elements	5 /Eingabe wie Transaktion, ohne Passagieridentifikation
Demand Ticket	DT	DT 1
Dummy-PNR	DP	DP
Endorsement Information	EI	EI VALID ON LH ONLY
Fare Box	F	F FDMK595.00
Fare Calculation	FU	FU FRA LH CGN97.00DMK97.00
Form of Payment	FP	FP CASH
Ignore	IG	IG
Infant's Name	IN	IN MEIER/UDO/P1
Name Element	N	N 2VONWALTHER/MR/MRS
Open Segment	OS	OS Y FRAPAR
Original Issue/Issued in Exchange for	OI	OI 2204700111001FRA02FEB79
Page back	PB	PB
Page next	PN	PN
Rearrange Element	RE	RE 5/3/6/4/7/8
Redisplay	RT	RT
Retrieval des PNR	RT	RT 017/24JUN FRAARN OTTO
Tariff Information	TI	TI /FRAHAM
Tariff Selection	TS	TS 02
Tour Code	TU	TU IT8LH2ATI235

Lufthansa

Bild 1 (Quelle: Lufthansa) Grundlehrgang Fluggastabfertigung

3 Tage Studium von Programmierten Unterweisungen in der Dienststelle

3 Wochen Lehrgang im Schulungszentrum Seeheim

Frontalunterricht kombiniert mit 2 Stunden CUL täglich

Besuch des Flughafens Frankfurt und praktisches Training am REAL-TIME-SYSTEM

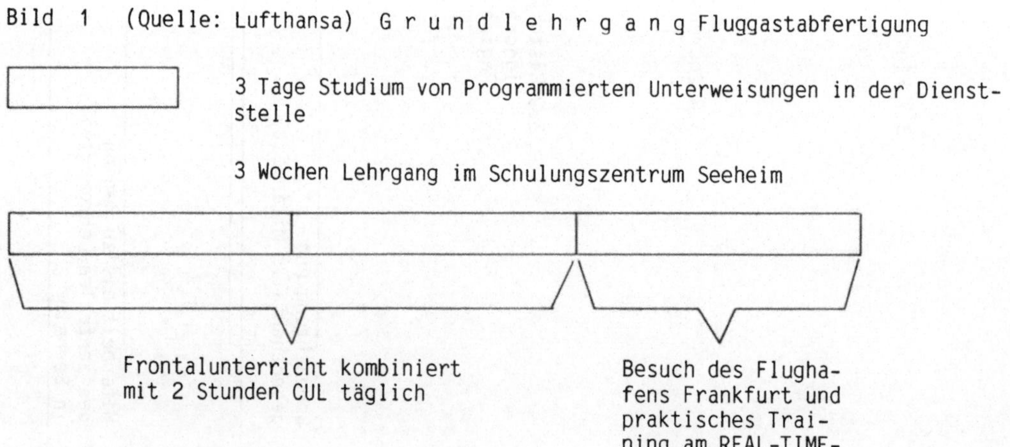

Possibilities of Interactive Videodisc Systems in Education

Prof. Dr. C. V. Bunderson
Orem, Utah/USA

This presentation will deal with the nature of the videodisc, including the special features and applications of videodiscs. Three videodisc players will be described and three videodisc teaching strategies will be illustrated and demonstrated. These strategies are the rule-example strategy, the information retrieval strategy, and two-dimensional simulations.

The Videodisc, A New Storage Medium

(Holds up a 30 cm plastic disc about 4 mm thick, a silvered surface catches the light and diffracts it into the colors of the rainbow)

The videodisc has great capacity for storing information. It has the capacity of 54,000 individual video pictures. When these are shown 30 per second, then the ordinary illusion of motion occurs, as seen on a television screen. But the videodisc can be stopped and one picture can be shown repeatly 30 times per second. This gives the appearance of a still picture with no audio. When 30 different pictures per second are played, the audio track can also be heard. When one picture is played 30 times per second, there is no audio. In a future generation of videodiscs, audio will be able to be compressed into a single video frame so that something like 20 seconds of audio can be played while a single picture is shown. Then it will be possible to have hundreds of hours of audio on a single disc, each with a single picture being shown. This produces the possibility for many slide/sound presentations on a single disc.

When computer programs like audio can be encoded into the video tracks on the videodisc, it will be possible to read this data into the magnetic memory of an attached microcomputer. Then it will be possible to execute simulations, drill and practice exercises, tutorial programs, and other interactive instructional programs. The demonstration system we have set up in the hall does not read the computer programs from the video tracks, but from an attached floppy disc. It can, however, read small computer programs from one of the audio tracks of the disc.

Thus we see that the videodisc is an optical memory with enormous storage capacity. It can store 30 minutes of motion picture information with 60 minutes of audio on two separate audio tracks. In the near future, with still frame audio, it can store hundreds of hours of audio and later computer programs for downloading into a computer. The storage of such large quantities of different kinds of information makes the optical memory provided by a videodisc a unique contribution.

Videodiscs can be replicated inexpensively. Discs are first exposed on a glass master to a laser which records one micron wide pits on a photo-resist layer. This material is developed and the pits etched to a particular depth in the photo-resist, then a nickel stamper is made. From the nickel stamper, thousands of copies of plastic discs can be manufactured at a per copy cost that will be quite inexpensive (5 to 10 Deutsch marks currently, in larger quantities).

When a computer is attached to a videodisc player, the computer provides the opportunity for new interactive teaching strategies. For example, tutorial, drill and practice programs, simulations, and games. The computer makes it possible to score how well a person is doing and to provide feedback to the person from moment to moment. The computer makes it possible to keep records and provide reports to teachers or course managers. The addition of the computer to the videodisc can be seen as a marriage between the information presentation strengths of a book (multiple pages), motion pictures or video, and interactive computer-assisted instruction and simulation.

The advantages and capabilities I have described are inherent in optical videodisc systems, but not in the capacitance "needle in a groove" videodiscs that will be introduced by RCA and Zenith next year. The needle cannot move quickly from one groove to another to provide random access, freeze frame, etc. There are numerous applications for optical videodisc systems. A consumer model videodisc player will provide entertainment with motion picture, music, stereo high fidelity sound, and new kinds of games that use video information. Consumers in their homes will also be able to buy discs on how to fix their plumbing, how to garden, how to deal with personal problems, obtain self help, and build basic skills in the home. Industry will use videodisc players for manager training, sales training, technical training. The medical profession will use it for help in diagnosis in health care, education of nurses and doctors, and as a reference library. The great capacity of the optical videodisc can be used to store a large quantity of reference information. Corporations can use the videodisc as a compact from a catalog. The catalog can include live models with some amount of motion to display products.

The largest application of videodiscs in the world so far is the use of videodiscs for product information and sales. General Motors dealerships purchased 11,000 players recently and installed them for these applications. The information capacity of the videodisc could also be used for parts lists and catalog applications by manufacturers with a large number of parts to reference or items to sell.

In the next decade, all of us will see these and many other applications of videodiscs emerge. The problem is that in order to make these applications useful, it is necessary to develop new strategies or conventions for interacting with the information. When the book was introduced, people did not understand the conventions for using books. But over the centuries, a set of conventions were developed. All of us are now familiar with the use of an index and table of contents in a book. We know how to look up the page numbers. We know how to use chapter headings. The more skilled readers among us can skim rapidly or speed-read by moving their hand quickly across the page. It has taken centuries for civilized man to standardize the conventions for using books and to become proficient in their use. Now we have a new technology that has pages like a book but also has motion sequences, later many hours of audio associated with still frames, and computer programs which can be read into an attached microcomputer. However, we do not have conventions, habits, and standards for dealing with this huge data base of diverse information.

(Shows color slide illustrating a contents page from a videodisc)

In this picture is a video page taken from one of our discs. This is a contents page. Contents pages at different levels have been developed, one for the disc as a whole, one for each chapter, and one for each lesson within the chapter. An attached computer makes it much easier to use these contents pages and to find information quickly. On the manual videodisc player, it is more difficult to keep a user oriented because only one video picture is seen at a time, and the user must find his way about among 54,000such pages. When we hold a book, we can see how far we are into the book by observing how many pages lie on the left or the right. This is not possible with the videodisc, so conventions must be developed to keep us oriented.

The three videodisc strategies to be discussed later all include conventions for dealing with the flow of information from a videodisc, and keeping the user oriented. Before describing these strategies, however, it is important to discuss several different videodisc players.

Varieties of Videodisc Players

It is helpful to classify videodisc players into three groups:

1. The consumer players
2. The industrial/education players
3. The intelligent videodisc players

(Shows a picture of the Philips/Magnavox consumer player)

The two consumer players which have so far reached the market are the Philips/Magnavox player and the Pioneer player. This is a picture of the Magnavox player. The keys along the front of the player allow the user to control the various videodisc functions (a series of slides are now shown to provide a closeup of each key). With this key it is possible to turn the power on and off; this key causes an index number from 1 to 54,000 to be presented on the screen. The search forward or reverse keys enable us to move very rapidly close to any of the 54,000 frames we seek, then stop and go one picture at a time, forward or reverse, until we locate any frame number. The index number can be deactivated by pressing the index key.

(Continues to show color slides of manual videodisc keys)

This slide allows us to vary slow motion from normal speed to one frame per four seconds. The two keys in this slide activate slow motion in forward or reverse direction. These two keys allow us to activate audio channel 1 or 2 alone, or both together. The feature allows stereo or allows two different languages to be recorded separately. This key allows rapid overview at three times normal speed.

The Pioneer player (show picture) enables these functions from a remote keypad as an option. A future version of the Magnavox player will have this feature as well. The Pioneer player has the additional feature of having an automatic search to a frame number entered on the keypad. The RCA and Zenith consumer players will not have these features but will simply be able to play from beginning to end, and perhaps search to a very general location. These players will be less expensive and will use the needle in the groove approach. JVC Corporation and General Electric have a non-optical system with a flat stylus riding on the smooth surface. This system will provide some of the functions of the optical players, but will wear out more quickly. Optical discs do not wear out because the laser makes no physical contact with the surface of the disc.

The industrial/education players are manufactured by Disco Vision Associates (a joint venture between IBM and MCA corporations) and by the Sony Corporation. They have similar features. Each of them has a hand-control unit and a small microcomputer inside the player for executing simple branching programs. One can type in a number and the microcomputer will branch immediately and very quickly (much faster than with the manual players) to that frame number. The branching can be done under the control of a program stored in a small computer. The program can be entered from the keyboard. The user can select options from a menu in program mode and the computer will branch automatically to each option. The user can answer simple multiple choice questions. The program can be stored in the audio track of the disc and loaded into the small computer.

The intelligent videodisc player can use either the consumer or industrial/education player but must attach a powerful microcomputer and, at present, some auxilary mass memory such as a floppy disc. It will store a complicated interactive program, much more sophisticated than the simple branching and multiple choice programs that can be stored in an industrial/education player. With the intelligent player it is possible to implement much more sophisticated videodisc strategies. In particular, simulations and educational games, also including tutorials, drill and practice programs, and other sophisticated interactive programs.

Three Videodisc Instructional Strategies

The Rule-Example-Practice Strategy.

Recall that with the consumer player the user must locate any position on the disc manualy, play forward or backward at regular or slow motion manually, and access individual still frames manually. To help orient the user, several features have been developed at WICAT's Learning Design Laboratories and implemented on videodiscs designed for manual (consumer) players.

The student is given a table of contents on a separate sheet of paper that gives all the frame numbers of each chapter, lesson, and section within each lesson. Using this detailed table of contents, the user can access any segment of instruction by activating the index button and the search forward and reverse button. This will get him in the general location of the particular still frame and he can use the other buttons, including still forward and reverse, to obtain the exact frame number. Seven different videodisc pages are prepared when an author is using the rule-example-practice strategy. These pages are implemented with different colored background so that the user can come to recognize the pages. In addition, each page has information printed at the lower left-hand corner that identifies the chapter, lesson, and segment.

(Color slides are now shown to illustrate actual pages taken from a videodisc produced by WICAT Learning Design Laboratories).

Contents pages and comments pages have a light blue background. The contents pages are similar to the table of contents in a book, but are associated with groups of video pages on the disc. Comment pages give general guidance to the user about what to do next, how to use the disc, etc., but do not teach the information about biology contained on the disc. Discussion pages have a grey background and carry much of the narrative information. Rule pages have a rust background. A rule is stated and surrounded by a border. This is information that the student should remember and will be included in practice and test questions. Example pages have a black background. The black background is useful because many examples use color slides which illustrate on this biology disc different views of cells, animals, and other biological subject matter. Practice pages have a green background and ask questions that the student must ask by writing in his or her notebook. Answer pages follow practice pages. They have a grey background and give the answer and some feedback associated with the practice question on the previous page.

In a standard lesson, the student will be instructed by a comment page to view a motion sequence. For example, the cleavage of a frog egg and the eventual formation of the tadpole. At the end of this beautiful motion sequence, the player will stop automatically on a freeze frame (not all of the consumer players are equipped with this automatic stop feature, which is necessary to implement the rule-example-practice strategy properly). On a freeze frame, the student might be instructed by a comment to go back and view parts of the movie by using slow motion or to go one page forward to the next video frame. On the next page, the student might be asked a practice question. He would then write the answer in a notebook, press still forward, and correct himself.

We have discovered that the addition of still frames to motion sequences expands educational horizons enormously. It is clear that although attractive and interesting movies may not teach much. The pictures go past too quickly and the audio track carries much of the teaching information. When we can stop the movie and introduce a number of still frames, we can go into any depth desired about the information passed over so swiftly by the narrator.

For example, in a motion sequence on DNA, the audio track mentioned the word "nucleotide" only once. Students were of course not able to understand what a nucleotide was (speaker shows pictures of several still frames defining nucleotide). By introducing a few still frames, we were able to define nucleotide and show the three parts of the nucleotide. Evaluation data shows that the students now do well on tests of this information, whereas after viewing the movie only, students did not learn much. Movies and videotapes have therefore been used for visual interest and motivation and excitement rather than serious instructions.

There are a great many beautiful color slides that can be used in still frame sequences to augment the motion. For example, even though the motion sequence on the frog egg was most remarkable and visually interesting, we found that some beautiful color slides from Carolina Biological Supply enabled us to explain in much more detail what the student had seen (a series of color slides with textual overlay were shown to point to key features). These slides illustrate how the different stages of development of the embryo can be explained step by step with the combination of text and color slides.

(Shows the last frog slide with a color bar at the bottom. The color bar has a pointed cursor along its length).

The color bar at the bottom of each still frame helps the learner keep track of where he or she is in a lesson. This bar has several vertical white bars, each of which represent an automatic stop. By pressing forward or reverse motion, the student can go to the next automatic stop. These automatic stops occur at segment boundaries. The color of the rectangles between the automatic stops represent different kinds of sequences. A red bar represents the motion sequence, a grey bar represents a sequence of still frames, with discussion frames predominant, and a green bar represents a sequence of practice frames. The cursor moves along the color bar to show how far into the lesson the student has progressed.

The Reference Retrieval Strategy

Using the industrial/education player with the keyboard for branching, one can utilize menus to allow selection from a large file.

For example, the videodisc may contain catalog information. The user may select from a master menu the broad category of product he desires, then branch to a submenu which in turn provides access to specific examples of the products. Still frames can show illustrations of the product and can contain descriptive textual information. The pictures need not be still; the catalog can also have motion pictures so long as enough space is left for a large data base of still pictures. If 25 minutes of a 30 minute disc were used for short motion sequences (e.g., of 10 seconds each), it is possible to include on one disc 150 motion sequences and, in the 5 minutes of space remaining, still have the space for 9,000 still frames. While a video page does not have a capacity of a printed catalog page, it probably has at least the capacity of 1/6th of a catalog page, thus, equalling the capacity of 1500 equivalent catalog pages.

The menu branching strategy is rather simple and convenient and will be easy for naive users to learn. Comment pages, which teach the user at the beginning how to use the keyboard, are a necessity.

Simulation Strategies

Simulation strategies can be implemented on intelligent videodisc systems. WICAT Learning Design Laboratories has implemented several of these two-dimensional simulations. My colleague, Dr. Fred O'Neal, has directed the most recent of these projects so I have asked him to explain the simulation strategy. After this presentation, he will demonstrate the strategy of the intelligent videodisc system we have installed in the hall outside of this room.

The computer controlled (or "intelligent") videodisc simulation installed in the hall is the same configuration currently running at the International Congress of Gastroenterologists in Hamburg. This demonstration will run continuously the rest of this week on two other systems installed there. However, the system I carried down here on the plane did not survive the trip. So my demonstration today will be a simulation of a simulation, where I will act as the computer and provide the logic and the branching. I will use the videodisc to show you the images the doctors would actually see. I think most of you will be able to get a clear idea of what the simulation is like. For any of you who are fortunate enough to live in Hamburg, I invite you to come by the conference between now and Saturday, where I will be glad to give you a demonstration of the computer-controlled version of this simulation.

(Dr. O'Neal displayed an overhead transparency showing three types of videodisc simulations.) I would like to talk briefly about three different videodisc simulations, all computer-controlled, which we are currently undertaking in WICAT's Learning Design Laboratories. I will give more detail on the one that we will demonstrate.

The program we will show is a medical diagnosis and patient management simulation. On this videodisc we have prepared a complete file of displays on three different patients. All of the patients have gastrointestinal disorders of one sort or another.

Typically the videodisc simulation scenario is that the doctor will sit down, select a patient from the list of patients available, and then he will select a mode of operation in which to work. At one extreme, providing the most freedom and difficulty, he may take this full simulation, where he makes all decisions, asks the patient questions, directs which tests shall be run, and in general manages the patient through diagnosis and treatment. The other extreme is the discussion mode, which would be used for medical students, or for initial exposure to new content. It is very similar to a videotape mode, with some advantages. It is essentially passive, where the doctor would sit back and listen while the case was explained to him. But even in this mode he can exert some control. He can stop, reverse, or skip over the motion sequences, or back up and review something. He can step through the still sequences at his own speed. There is a third mode, intermediate to the other two. In this mode the doctor is in simulation mode but the program does not allow him to make mistakes. It may interject comments, but not allow the patient to be mistreated.

In a typical interaction with the program a doctor selects his patient, then observes about a two-minute initial encounter with the patient. The patient explains the problem and gives an initial set of symptoms. At the end of this period the doctor is shown a menu of choices. Essentially these are the choices. (See Figure 1, taken from a transparency Dr. O'Neal displayed showing the list of program options) The doctor may review the clinical record at any time in the case. This is a computer listing of all the information of all the data (such as lab tests, etc.) which he has been given up to this point. He may choose to ask the patient some more history questions or conduct a physical examination.

In developing the simulation we had two possibilities for designing the displays for such things as patient history questions and physical examinations. One was actually to show on the videodisc the patient being asked the question and show the patient answering the question. Since this would involve motion and sound, this would have used approximately 30 frames per second, as you will see on the demonstration. We chose to use a series of individual still frames for this instead so we have much more efficiency in terms of room on the disc. We can show in one or two still frames all of the information contained in a 10-second (300 frame) motion sequence.

The doctor may choose to conduct the physical examination or he may choose any one of a great number of laboratory tests. The laboratory tests may yield two kinds of results. Some laboratory results will be text information, numbers, values, etc. Other laboratory tests will show a picture of the actual test itself in the form of an X-ray image or a peripheral bloodsmear, etc. that the doctor may interpret. Since we were unsure as to the quality of the video image that would result through the various mastering processes and, since some of these tests are extremely difficult to interpret, you will find in the demonstration that we always include an interpretation option. In essence, when you are presented in the simulation with an X-ray, you have the option of calling in a "consultant" to interpret the X-ray or other test. This was an insurance policy, if you will, because we were not sure how good the images would be.

I think you understand what the nature of this type of interaction could be. Essentially the user makes a choice out of a menu, collects some data, makes another choice, and eventually attempts to work the "patient" through to a successful conclusion.

A second simulation we have prepared (for the Army Research Institute, a U.S. Government Agency) involves some military content. This is an experimental disc using some existing military training materials modified for use in an interactive computer-controlled videodisc simulation mode. The major content area is direction of artillery fire. This is an interesting videodisc simulation in the sense that it is a "generative" simulation. It utilizes the videodisc to project a background of terrain with permanent features, such as bridges, buildings, hills, valleys, etc. On this image is superposed a computer generated image of a target (tank, truck-convoy, etc.) Through the computer interaction, the student then calls for artillery fire on this target and corrects the fire if it is off target.

Since it is a generative simulation, a very few backgrounds of different sorts of target environments present an unlimited number of computer generated practice opportunities. This simulation has been completed and has been demonstrated to the Army.

A third simulation, now at an advanced stage but not yet completely operational, involves trouble-shooting complex electronics equipment. The electronic equipment involved in this simulation occupies 8 modular trailers and is distributed over an acre of ground. It is a very complex process to troubleshoot electronic faults between the different units. The actual equipment costs many millions of dollars, so it is impractical to practice on the actual equipment. Therefore, videodisc images have been prepared of all major units, and within each major unit for each major control panel. On every control panel a videodisc image has been prepared for every dial, light, switch, and indicator. The simulation will proceed as the student makes selections off of a menu to indicate the major unit to be investigated or repaired.

When he selects a major unit he utilizes the computer control to indicate which panel on that unit he would like to look at. The next image shows him that panel. He then indicates which switch or indicator he would like to investigate or change. Utilizing this sort of "zoom lens", where he can "zoom in" and look in detail on each part of the equipment, he can travel very quickly around the 8 major units of the equipment, make significant tests and changes, and register his diagnosis of the electronics problem. We anticipate that this simulation will be operational in about two to three months.

These are three examples of interactive videodisc simulations. There are a few others underway in other places. For example, in the area of medical diagnosis and patient management, Drs. Bobby Brown and Joan Sustik at the University of Iowa are involved in another medical diagnosis and patient management videodisc; this should be available sometime in the next year. For the past year the American Medical Association has had a small demonstration program, a precursor to our more sophisticated program. I am sure there are others of which I am unaware.

The advantages of using videodisc for simulation, especially under computer control, are apparent. More advantages will be found as we gain more experience. It is obvious that in the cases we have outlined here, we were able to do some things that we are unable to do in the real world and thus we gained some very significant training advantages.

I look forward to talking to any of you who have more questions and showing you our demonstration.

Thank you !

Konsequenzen aus der Benutzung von Taschenrechnern
Consequences of the Use of Pocket Calculators

Prof. Dr. Meissner
Münster

PRO und CONTRA zum Einsatz von Medien für Bildung und Ausbildung sind sehr vielschichtig. Das gilt auch für den Einsatz von Taschenrechnern. Taschenrechner sind jedoch inzwischen so weit verbreitet, daß ein Verbot des Taschenrechners für den Unterricht eine zu einfache Entscheidung wäre. Da Bildung und Ausbildung wesentlich auch praktische, realitätsbezogene Ziele haben, muß man vielmehr im Unterricht die Benutzung des Taschenrechners vorbereiten, um so eventuellen negativen Konsequenzen aus dieser Benutzung vorzubeugen.

Ich möchte Ihnen zunächst einen kurzen Überblick geben über die Vielfalt an Taschenrechnern, die heute auf dem Markt ist. Für meine Demonstrationen werde ich einen Taschenrechner benutzen, der keine Tasten hat. Das Tastenfeld ist ersetzt durch Sensoren und das Berühren eines Sensors wird zusätzlich durch einen Pieps-Ton angezeigt (den man auch ausschalten kann). Die LCD-Anzeige dieses Rechners ist so gestaltet, daß man die reflektierende Metallfolie der Rückseite abziehen und durch einige Lagen Tesafilm ersetzen kann. Nach dem Ausschneiden eines entsprechenden zweiten Fensters auf der Rückseite des Gehäuses erhält man einen Taschenrechner, dessen Anzeige über den Overheadprojektor (Tageslichtschreiber) auf einen Bildschirm projeziert werden kann. (Nicht alle Rechner und nicht alle LCD-Anzeigen sind für diesen Umbau geeignet. Hier wird der SHARP-Rechner EL 8130 benutzt. Es wäre begrüßenswert, wenn die Industrie selbst einen ähnlichen Projektionstaschenrechner herstellen würde, bei dem auch das Tastenfeld sichtbar werden könnte).

Als zweites Modell möchte ich Ihnen einen Taschenrechner vorstellen, der nicht viel größer ist als eine Scheckkarte und viel mehr ist als nur ein "Rechner". Selbstverständlich hat er Uhr-, Stopp-Uhr- und Datumsanzeige, aber auch zwei verschiedene Alarmfunktionen, wobei der Alarm wahlweise durch eine sanfte, melodische oder durch eine lebhafte, schnelle Melodie erfolgt. Eine weitere Melodie erklingt bei der countdown-Funktion. Alle drei Melodien dauern etwa 25 Sekunden und sind im Rechner fest vorprogrammiert. Falls Sie aber selbst komponieren wollen, so bietet Ihnen dieser Taschenrechner auch hierzu Gelegenheit. Tippen Sie z.B. die folgenden Tasten der Reihe nach, so erklingt die Melodie des Kinderliedes "Hänschen-Klein": 533, 422, 1234555; 533, 422, 1234555; 533, 422, 13551; 2222234, 3333345; 533, 422, 13551. (Es handelt sich um das Modell Casio ML 81)

Ein weiterer Taschenrechner (Casio AL 8S) beherrscht mit Hilfe einer Spezialtaste die Bruchrechnung. Zur Lösung der Aufgabe

$$\frac{5}{4} + \frac{2}{9} =$$

tippen Sie [5] [a b/c] [4] [+] [2] [a b/c] [9] [=] und Sie erhalten als Ergebnis die Anzeige 1⌋17⌋36 (für $1\frac{17}{36}$), die Ihnen der Rechner bei einem weiteren Knopfdruck in die Dezimalzahl 1,4722222 umwandelt.

Natürlich kennen Sie auch alle die kleinen "Lernmaschinen" wie "Little Professor" oder "Dataman" (von Texas Instruments) oder "Digitor" (von Kindermann bzw. Centurion) oder andere, die keine eigentlichen Rechenmaschinen, sondern mehr Rechentrainer oder Spielpartner sind. Oder Sie kennen die Rechner in Scheckkartengröße oder in der Armbanduhr. Praktisch für jedes Bedürfnis und für jeden Einsatzzweck gibt es heute den geeigneten Taschenrechner. Und die Verbreitung der Taschenrechner wird nach Untersuchungen von Wynands [7], Herget u.a. [1] und Meißner u.a. [5], die über 17000 Schüler befragten, noch weiter zunehmen; vgl. Abb. 1.

Taschenrechner und Rechenmaschinen sind im Alltag zu unentbehrlichen Hilfsmitteln geworden. Kopfrechnen oder schriftliches Rechnen findet man dort, wo im Berufsleben häufig gerechnet wird, praktisch gar nicht mehr. Und auch in der Schule sind Rechenstab oder Logarithmentafel schon jetzt fast vollständig verdrängt durch den Taschenrechner. Welche Konsequenzen ergeben sich aus dieser Entwicklung? Ich möchte diese Frage zunächst für den außerschulischen Bereich beantworten. Hierzu sind mir zwar keine repräsentativen Untersuchungen bekannt, aber ich glaube, daß die Beispiele, die ich anführen werde, durchaus repräsentativ sind.

Taschenrechner (oder Computer) vermitteln eine Scheinsicherheit für den Benutzer. Die technische Perfektion der Maschine ist so groß, daß Kontrollrechnungen im Kopf völlig sinnlos erscheinen. Der Benutzer identifiziert sich mit der Zuverlässigkeit der Maschine und übersieht dabei, daß Gedankenfehler vor der Eingabe und Eintippfehler von der Maschine nicht erkannt werden. Sie liefert immer schnell und zuverlässig ein "Ergebnis".

So geriet in einem Chemieunternehmen die Herstellung von Textilfasern mehrfach ins Stokken, weil sich die Rechenfehler für die Produktionsangaben häuften. Zusätzliche innerbetriebliche Maßnahmen, die mir nicht bekannt sind, lösten dieses Problem. Bekannt sind mir dagegen zusätzliche Sicherheitsmaßnahmen einer Bank (in einem Staat, in dem generell eine geringere Kopfrechenfertigkeit der Bevölkerung zu beobachten war). Hier müssen beim Eintausch von Devisen grundsätzlich zwei verschiedene Sachbearbeiter auf zwei verschiedenen Rechenmaschinen die Umrechnung ausführen und ihre Maschinenausdrukke an den Auftrag anheften. Der Betrag wird erst dann ausgezahlt, wenn beide Rechnungen übereinstimmen.

Aber auch in Deutschland gibt es Entwicklungen, die ähnliche Sicherheitsmaßnahmen sinnvoll erscheinen ließen. So hat z.B. das Landesamt für Besoldung und Versorgung in Düsseldorf, das die Gehälter für sämtliche Bedienstete in Nordrhein-Westfalen berechnet und zur Zahlung anweist, jahrelang an einige Lehrer zu viel Gehalt gezahlt. (Dieser Fall ging durch die Presse, wobei allerdings nicht erwähnt wurde, daß viele andere Bedienstete jahrelang trotz zahlreicher Mahnungen oder Rechtsanwaltsdrohungen ein zu geringes oder gar kein Gehalt erhielten.)

Allen Beispielen gemeinsam ist die Erscheinung, daß der Vergleich maschinell berechneter Ergebnisse mit Werten, die einem der "gesunde Menschenverstand" vermitteln könnte, umso weniger selbstverständlich ist, je perfekter die Rechenmaschine ist, aber auch je weniger die unmittelbaren Konsequenzen eines falschen Ergebnisses auf den Rechnenden zurückfallen.

Die Kritiklosigkeit gegenüber maschinell erstellten Belegen ist offensichtlich bei Handwerks- oder sonstigen Kleinbetrieben nicht so groß. Wenn hier der Meister nach seiner Arbeit die Rechnung ausstellt und er hat sich - trotz seiner Erfahrung - verrechnet, dann bekommt er das Geld eben nicht.

Ähnlich wie im beruflichen Bereich sehe ich die Nutzung des Taschenrechners im privaten Bereich. Hausfrauen, die im Warenhaus oder Supermarkt Preisvergleiche anstellen (mit oder ohne Hilfe eines Taschenrechners), sind mir so gut wie unbekannt. Man zahlt, was die Kasse zum Schluß ausgedruckt hat. Etwas anders sieht es aus bei Großanschaffungen, Geldangelegenheiten, Überprüfung von Scheckkonten oder bei Finanzierungen. Die Konsequenzen eines Rechenfehlers wären hier sehr viel größer (weshalb man in der Regel wichtige Rechnungen zweifach rechnet), auch mit dem Taschenrechner.

Fassen wir zusammen: Der Taschenrechner vermittelt eine Scheinsicherheit. Es werden zwar weniger Rechenfehler gemacht als früher, da der Rechner selbst sehr zuverlässig arbeitet, aber eine automatische Fehlerkontrolle wird abgebaut, so daß die Kritiklosigkeit gegenüber maschinell berechneten Ergebnissen zunimmt. Tatsächlich auftretende Rechenfehler werden nicht mehr so schnell aufgedeckt und haben damit in der Regel gravierendere Konsequenzen.

Es erhebt sich die Frage, wie dieser allgemeinen Entwicklung entgegengesteuert werden kann. Wir sehen zwei Möglichkeiten. Die erste Möglichkeit besteht in einer "Reglementierung von außen". Alles das, wo der Bürger nicht funktioniert, wird in Regeln und Gesetze gebracht. Diese gehen davon aus, daß der Bürger versagt und deshalb in die Fürsorgepflicht des Staates, des Unternehmers, der Schule oder des Lehrers genommen wird. Wir sehen diese für ein Erziehungssystem äußerst fatale Einstellung nicht nur im Bereich Taschenrechner, sondern auch im Schilderdickicht der Verkehrserziehung im Disziplinarrecht für Lehrer oder in den Ausführungsbestimmungen der Finanzämter (um nur einige Beispiele zu nennen). Bezüglich Taschenrechner ist inzwischen genau geregelt, welche Kinder für welchen Zweck in welchem Fach den Taschenrechner benutzen dürfen, wie die Anschaffung zu tätigen ist und wo und wie Versuche mit dem Taschenrechner in Schulen überhaupt erlaubt sind.

Ich vermag mich dieser Tendenz nicht anzuschließen und plädiere für eine "Reglementierung von innen". Die menschliche Verhaltensweise muß stärker durch eine innere Einsicht, durch ein eigenständiges Verantwortungsbewußtsein geprägt sein. Einsicht beruht auf eigener Erfahrung, auf negativen Erfahrungen und auf positiven. Wer die negativen Erfahrungen durch eine falsch verstandene Fürsorgepflicht verhindert, schafft das "Lehrgeld" ab und reduziert damit auch die Einsicht für positive Erfahrungen. Was dies für den Gebrauch des Taschenrechners in der Schule bedeutet, soll im folgenden dargestellt werden.

Unsere Projektgruppe TIM (TIM steht für TASCHENRECHNER IM MATHEMATIKUNTERRICHT) beschäftigt sich seit mehr als vier Jahren mit dem Taschenrechnereinsatz. Im Vordergrund steht der einfache, nicht programmierbare Taschenrechner. Dieser ist sehr leicht zu bedienen, praktisch in jedem Haushalt vorhanden und daher bereits sehr vielen Grundschülern zugänglich. Da wir das zur Zeit gültige Verbot des Taschenrechners für Schüler bis zum Alter von etwa 12 Jahren für so weltfremd halten, daß es in einigen Jahren durch die Allgegenwart der Taschenrechner de jure oder de facto aufgehoben sein wird, beschäftigen wir uns bereits jetzt intensiv mit der Integration des Taschenrechners in den Teil des Mathematikunterrichts, in dem Zahlbegriff und Rechenfertigkeit die Hauptlernziele sind. Unsere Arbeit ist dabei durch drei Forderungen geprägt:

(1) Die Unterrichtssequenzen müssen verträglich sein mit den Erkenntnissen aus Lern- und Entwicklungspsychologie.

(2) Der Einsatz des Taschenrechners im Unterricht muß von "innen" gesteuert werden, d.h. durch Erfahrungen und Einsichten des Schülers und nicht durch Gebote oder Verbote von außen.

(3) Der Einsatz des Taschenrechners darf nicht zu einer Reduzierung von Zahlbegriff und (vernünftiger) Rechenfertigkeit im Vergleich zu den Zielen des heutigen Mathematikunterrichts führen.

An zwei Taschenrechnerspielen möchte ich Ihnen zeigen, wie diese Forderungen erfüllt werden können. Wir beginnen mit dem Spiel "Zielwerfen", vgl. [3 a]. Sie sollen in einer Multiplikationsaufgabe zu der von mir willkürlich vorgegebenen Zahl 38 den zweiten Faktor so finden, daß das Produkt zwischen 579 und 590 liegt, (wobei auch das Zielintervall willkürlich vorgegeben ist):

? —(x 38)→ [579, 590]

Die Aufgabe soll durch Probieren mit dem Taschenrechner gelöst werden. (Die Rechnungen werden mit dem Demonstrationstaschenrechner jeweils am Overheadprojektor vorgeführt.) Der erste Vorschlag aus dem Auditorium lautet 17. Er führt zur Ausgabe 646. Weitere Vorschläge aus dem Auditorium führen schrittweise zu der folgenden Tabelle:

Eingabe	x 38	Ausgabe
17		646
12		456
16		608
15		570
15,5		589

Sie sehen, jede Ausgabe gibt mir eine Information, wie gut meine Eingabe war und wie ich die nächste Eingabe besser wählen kann. Wir haben so 15,5 als eine mögliche richtige Eingabe gefunden, aber auch 15,3 oder 15,25 wären richtige Eingaben.

Das zweite Spiel heißt "Die große Eins", vgl. [3 c] . Hier verstecke ich mit Hilfe der automatischen Konstante einen Rechenbefehl im Taschenrechner, genauer einen Divisionsoperator. Sie haben diejenige Eingabe zu finden, die zur Ausgabe 1 führt:

Die erste Eingabe gebe ich vor, da ohne sie keinerlei Hinweise für weitere Eingaben möglich sind: 800 führt zum Ergebnis 3.2128514. Wir halten auch hier die einzelnen Versuche in einer Tabelle fest und erhalten schrittweise durch die Angaben aus dem Auditorium:

Eingabe	Ausgabe
800	3.212 ...
200	0.803 ...
240	0.963 ...
237	0.951
248	0.09959 ...
249	1

Beide Spiele zeigen beispielhaft, wie unsere drei Forderungen realisiert werden können. Zunächst berücksichtigen Sie, daß alles Lernen durch Versuch und Irrtum (auf der Basis des vorhandenen Wissens) geschieht, d.h. daß die gemachten Fehler positiv genutzt werden auf dem Weg zur Realisierung des Zieles.

Die Spiele sind Partnerspiele. Ein Schüler stellt das Problem, der andere löst es, und dann werden die Rollen getauscht. Die Auswahl der Zahlen ist den Schülern freigestellt. Wird das Spiel in dem vom Lehrer zunächst vorgegebenen Zahlenbereich zu langweilig, verändern die Schüler von sich aus den Zahlbereich. So haben wir etliche Grundschüler der dritten Klasse, die bei der Großen Eins von sich aus Dezimalzahloperatoren versteckten (obwohl sie laut Lehrplan Dezimalzahlen noch nicht einmal kennen dürften).

Der Einsatz des Taschenrechners über Probierverfahren erfordert es, daß man vor dem Eintippen eine Kopf- oder Überschlagsrechnung durchführt. Wie unsere Versuche zeigen, muß dies nicht bewußt geschehen. Die Schüler entwickeln vielmehr ein intuitives Zahlgefühl, das sie bei den Spielen sehr schnell zur gesuchten Eingabe führt. Wichtig für uns ist, daß dieses Zahlgefühl erfahrungsgemäß den Schülern dann auch unabhängig von den Taschenrechnerspielen für ähnliche Aufgaben zur Verfügung steht. Nach dem Training mit den Taschenrechnerspielen lösen sie Kopfrechenaufgaben der folgenden Art rein intuitiv mit bemerkenswert guten Überschlags- oder Schätz-Ergebnissen:

$$\boxed{?} \times 61 \approx 700$$

$$576 + 549 \approx \boxed{?}$$

$$93 \times \boxed{?} \approx 550$$

Das Arbeiten mit dem Taschenrechner über Probierverfahren (Versuch-und-Irrtum) nutzt den feed-back-Effekt und die dadurch bedingte unmittelbare Lernverstärkung aus. Es wird ein semantisches Zahlgefühl bzw. Funktionengefühl aufgebaut, d.h. die Schüler erfahren Funktionen

$$x \xrightarrow{\textcircled{f}} y$$

(und die vier Grundrechenarten sind nur spezielle Funktionen), wie eine Veränderung von x eine Veränderung von y bewirkt und umgekehrt, welche y-Werte (ungefähr) zu welchen x-Werten gehören usw. Z.B. haben wir auch die Prozentrechnung mit Hilfe von Probierverfahren auf dem Taschenrechner eingeführt. Die Schüler entwickeln ein "Prozentgefühl", das sie in die Lage versetzte, für Aufgaben der folgenden Form schnell (im Kopf!) gute Näherungsantworten zu geben:

635 DM + 13% MWST, Gesamtpreis ?

von 37 DM auf 29,90 DM herabgesetzt, wieviel % sind das ?

5398 DM enthalten 18% Zoll, Preis ohne Zoll ?

Die Versuche zeigen, daß es Möglichkeiten gibt, mit dem Taschenrechner als Hilfsmittel die Abhängigkeit vom Taschenrechner zu reduzieren. Es läßt sich ein semantisches Zahl- und Funktionsgefühl aufbauen, das intuitiv und damit automatisch die Größenordnung des erwarteten Ergebnisses vorhersagen hilft und damit als Kontrollorgan bei falschen Maschinenergebnissen zur Verfügung steht.

Im Gegensatz zum semantischen Einsatz des Taschenrechners sehen wir den syntaktischen Einsatz. Die zu bearbeitende Aufgabe wird als eine Kombination von Zahlen und Zeichen gesehen, die der Reihe nach in den Taschenrechner eingetippt werden. Wenn ich die dritte Taste drücke, kann ich die erste und zweite bereits wieder vergessen haben. Ich verliere die Gesamtschau für das Problem, den Blick für die Größenordnung der Zahlen, und natürlich auch den Blick für die Bedeutung der Taschenrechneranzeige, die ich Ziffer für Ziffer als Antwort für mein Problem aufschreibe. Diese syntaktische Zeichenverarbeitung ist nicht nur typisch für den Taschenrechner. Wir finden sie z.B. auch bei allen Algorithmen für die schriftlichen Rechenverfahren.

Das Problem ist nur, daß man Fehler, die man während der syntaktischen Verarbeitung macht, sehr schwer entdeckt oder wahrnimmt. Deshalb plädiert der Mathematikunterricht seit eh und je für Kontroll- und Überschlagsrechnungen, allerdings nie mit so richtigem Erfolg.

Der syntaktische Einsatz des Taschenrechners wird weiterhin vorherrschend bleiben. Damit bleiben auch die Probleme einer Fehlererkennung bzw. Kontrollrechnung. Um diese Probleme zu reduzieren, hat die Projektgruppe TIM neben den oben beschriebenen Versuchen zum Aufbau eines semantischen Zahlgefühls auch Versuche durchgeführt zum Aufbau eines syntaktischen Zahlgefühls, das bei der syntaktischen Zeichenverarbeitung zu einer automatischen Fehlerkontrolle führen soll. Die Idee ist folgende.

Das Eintippen einer Zeichenkette, etwa [4] [x] [5] [=] stellt unbewußt einen Reiz dar. Ordnet man diesem Reiz nun systematisch eine Reaktion zu (hier die Anzeige 20), so wird allmählich dieser Reiz mit der Reaktion gekoppelt. Ein Auftreten dieses Reizes mit einer anderen Reaktion, etwa Anzeige 200 aufgrund eines Tippfehlers, löst automatisch einen inneren Alarm aus: " 4 x 5 ist doch 20! ". Ein umfangreiches Reiz-Reaktions-Wissen hilft deshalb bei der automatischen Fehlererkennung. Diese Erkenntnis führte uns zu folgenden Versuchen.

Wir stellten jedem Schüler unserer Versuchsklassen (3. und 4. Klasse Grundschule) einen Taschenrechner zur unbeschränkten freien Benutzung zur Verfügung und sorgten für genügend viele "Reize". D.h. die Schüler mußten zahlreiche Arbeitsblätter bearbeiten und führten zahlreiche Kopfrechenwettbewerbe durch (ausführlicher siehe Lange [2]). Bereits nach wenigen Tagen ging der Taschenrechnereinsatz zurück. Die Schüler merkten, daß ihr Kopfrechnen (als Reiz-Reaktions-Verhalten) allmählich schneller wurde, als sie auf dem Taschenrechner die Tasten drücken konnten. Es wurde ihnen bewußt, daß für sie die Aufgaben des kleinen Einmaleins schneller im Kopf als mit dem Taschenrechner zu lösen sind. Neben der Unabhängigkeit vom Taschenrechner für bestimmte Aufgabenbereiche war für uns damit auch das Ziel erreicht, daß die Schüler ihre Reiz-Reaktions-Mechanismen in dem gewünschten Sinne als automatische Fehlerdetektoren aufgebaut hatten.

Lassen Sie mich zusammenfassen: Der Taschenrechner wird im wesentlichen zu einer syntaktischen Zeichenverarbeitung eingesetzt. Dem Benutzer stehen auf dieser Ebene der Verarbeitung zunächst keine natürlichen, d.h. automatisch wirkenden Kontrollmechanismen zur Seite. Der bisherige Mathematikunterricht plädiert daher für bewußte Kontroll- oder Überschlagsrechnungen, allerdings relativ erfolglos, da diese psychologisch gesehen nicht der menschlichen Mentalität entgegenkommen.

Unsere Versuche haben gezeigt, daß man mit Hilfe des Taschenrechners natürliche Kontroll-Mechanismen aufbauen kann. Durch ein Reiz-Reaktions-Training wird ein syntaktisches Faktenwissen hergestellt, das als automatisches Kontrollinstrument dient. Durch Probierverfahren wird ein semantisches Zahl- und Funktionenverständnis entwickelt, das unabhängig von konkreten Rechenschritten die ungefähre Größe des Ergebnisses vorhersagt.

Diese automatischen Kontroll-Mechanismen liefern für den Benutzer die Möglichkeit, Taschenrechnerergebnisse kritischer zu beurteilen. Sie versetzen den Benutzer zusätzlich in den Stand, ggf. auch ohne Taschenrechner die Aufgabe zumindest "ungefähr" lösen zu können, und zwar durch Schätzen (semantisches Zahl- und Funktionengefühl) oder durch Überschlagsrechnen (Kopfrechnen als Anwendung von syntaktischen Faktenwissen).

Unsere Ergebnisse sind noch relativ ungesichert. Wir konnten immer nur wenige Wochen und nur in freiwilligen Klassen arbeiten. Es gibt noch keine Langzeiterfahrungen. Unsere Ergebnisse sind auch recht unkonventionell. Sie sprengen den Rahmen und die Denkweisen traditionellen Rechen- oder Mathematikunterrichts. Es bleibt also noch viel zu tun.

Ich möchte Sie alle dazu aufrufen, diese Arbeit zu unterstützen. Die Kollegen vom Fach bitte ich, das Erreichte und die Forderungen der Zukunft emotionsfreier zu diskutieren und sich vorurteilsfreier an den Realitäten im Schulalltag zu orientieren. Die Schulpolitiker bitte ich um mehr Freiheit und Verantwortung für Forschung und Lehre und um mehr Unterstützung in der Weiterbildung der Lehrer. Die Fernsehanstalten bitte ich bei der Produktion von Lehrmaterialien um eine intensivere Zusammenarbeit mit Fachleuten im Ausbildungsbereich und die Industrie bitte ich um die Bereitstellung von noch mehr für den Ausbildungsbereich geeigneter Hardware.

Wir alle sind aufgerufen, die Zukunft der "Kulturtechnik Rechnen" neu zu durchdenken. Und ich glaube, daß gerade der Münchner Kreis der richtige Rahmen ist, in dem diese Aufgabe offene Ohren finden wird.

Literatur

[1] Herget, W., Hischer, H. und Sperner, P. : Taschenrechner und Rechenstab im Mathematikunterricht - Eine aktuelle Schüler- und Lehrerbefragung. Praxis der Mathematik. Heft 7 1978

[2] Lange, B. : Schneller Kopfrechnen mit dem Taschenrechner. Sachunterricht und Mathematik in der Primarstufe. Heft 11 1979

[3] Lange, B. und Meißner, H. in Praxis der Mathematik :

(a) Das Taschenrechnerspiel "Zielwerfen" in Heft 6 1980

(b) Das Taschenrechnerspiel "Die große Null" in Heft 8 1980

(c) Das Taschenrechnerspiel "Die große Eins", voraussichtlich in Heft 9 1980

(d) Das Taschenrechnerspiel "Faktor finden", voraussichtlich in Heft 10 1980

[4] Meißner, H. : Projekt TIM 5/12 - Taschenrechner im Mathematikunterricht für 5- bis 12-Jährige. Zentralblatt für Didaktik der Mathematik. Heft 4 1978

[5] Meißner, H. und Wollring B. : Ergebnisse einer Schüler- und Lehrerbefragung zu Taschenrechnern im Mathematikunterricht. Mitteilungen der Gesellschaft für Didaktik der Mathematik. Nr. 19 1979

[6] Suydam, M.N. : Working Paper on HAND-HELD CALCULATORS IN SCHOOLS. Columbus, Ohio: The Ohio State University, March 1980

[7] Wynands, A. : Ergebnisse einer Schüler- und Lehrerbefragung über ETR in der Schule. Zentralblatt für Didaktik der Mathematik. Heft 1 1978

Abb. 1 Taschenrechnerverbreitung in der Bundesrepublik

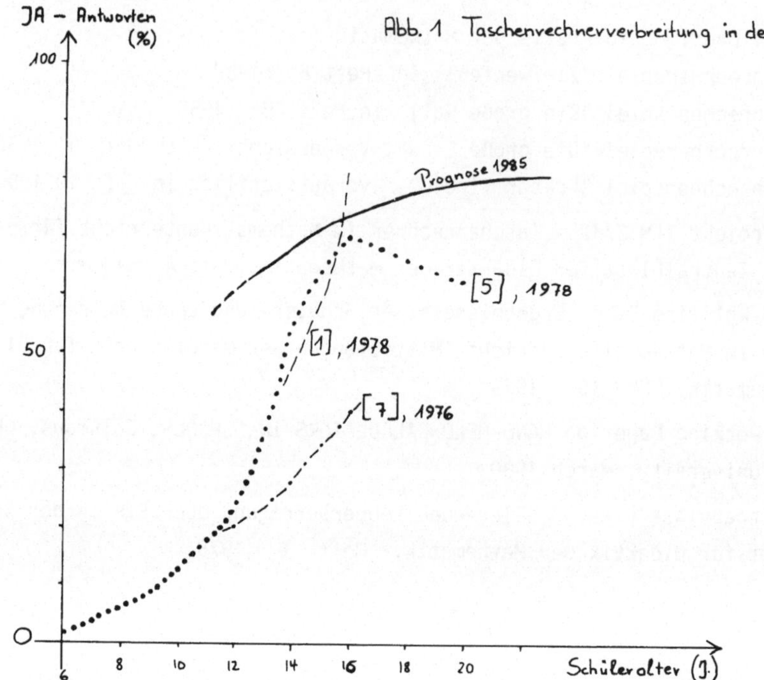

Hast Du einen eigenen Taschenrechner?

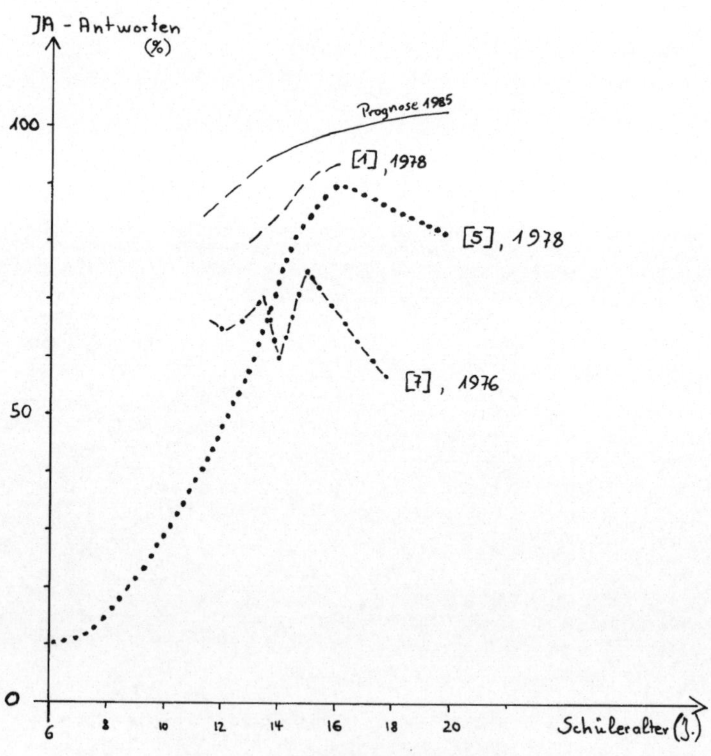

Hast Du zu Hause einen Taschenrechner, den Du gelegentlich benutzen darfst?

Anforderungen der Informationstechnik an das gewerbliche Schulwesen - eine Überforderung?

Demands of Information Technology on the Vocational School System - are they Excessive?

StD G. Spitta
Hannover

Wer über die Anforderungen sprechen will, die die Informationstechnik an das gewerbliche Schulwesen stellt, muß sich auf einen schmalen Bereich der Informationstechnik beschränken. Es ist der Bereich, in dem im technischen Prozeß Informationen gegeben und im Sinne einer Steuerung automatisch, ohne menschliche Hilfe, verarbeitet werden müssen. Als Beispiel kann hier das ABS-System angeführt werden, das heute das Bremsverhalten von Kraftfahrzeugen optimiert: Sensoren (Taster) geben über den Stillstand der Räder Signale an einen Mikroprozessor und dieser steuert dann den Druck in der Bremsleitung, d. h., er gibt den Befehl, den Druck soweit zu senken, daß das Rad wieder dreht, um dann erneut den Druck so zu erhöhen, daß das Rad wieder gebremst wird.

Dieses ist nur eines von vielen Beispielen aus der Technik und nur eines aus dem Automobilbau, aber es zeigt, daß der Kfz-Mechaniker und der Kfz-Elektriker in der Zukunft mit diesen Systemen vertraut sein müssen, um sie warten und reparieren zu können. Die Inhalte dieser beiden Berufe werden sich also ändern. Das ist an und für sich nichts Neues und war auch in der Vergangenheit so; nur die Geschwindigkeit, mit der sich solche Veränderungen jetzt vollziehen, ist rapide gestiegen, und eine nicht vollzogene Innovation kann über die Existenz von ganzen Berufszweigen und damit über Arbeitsplätze entscheiden - ich denke dabei an die Uhrenindustrie und - ganz aktuell - an die Büromaschinenindustrie.

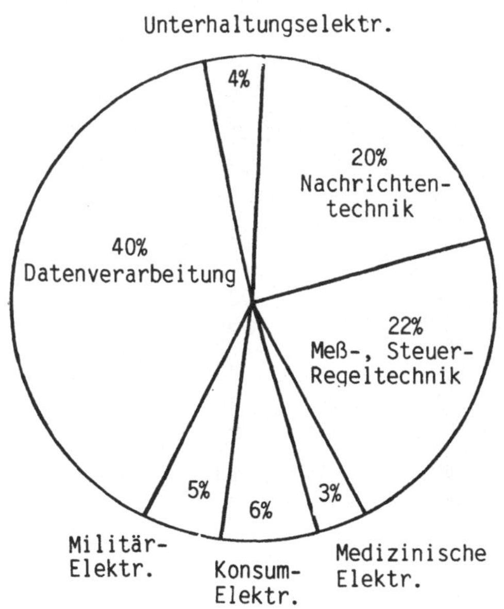

Schaut man sich die Anwendungsgebiete der 1979 produzierten Mikroprozessoren an, so ergibt sich das nebenstehende Bild (Computerwoche 20.2.76).

Die Bereiche Elektroindustrie, Maschinenbau, Straßenfahrzeugbau, Büro- und Datentechnik und Feinmechanische Industrie verkörperten 1979 einen Umsatz von ca. 300 Milliarden Mark. Sie haben ihren Umsatz seit 1970 um 90% gesteigert gegenüber 69% in der übrigen Industrie. Beim Studium dieser Zahlen wird man feststellen, daß sich die meisten durch die ME bewirkten Veränderungen im Metall- und Elektrobereich vollziehen.

Den ersten Hinweis auf die Anzahl der betroffenen Arbeitnehmer gibt das Positionspapier des BMFT-Arbeitskreises zur "Modernisierung der Volkswirtschaft". Hier heißt es, daß kurzfristig (5 Jahre) Berufszweige betroffen sind, in denen zwischen 0,7 und 2,5 Millionen Erwerbstätige beschäftigt sind, langfristig (15 Jahre) Berufszweige, in denen 50% der Erwerbstätigen vertreten sind. Das Battelle-Institut kommt in seiner Untersuchung "Auswirkung einer breiten Einführung von Mikroprozessoren auf die Bildungs- und Berufsqualifizierungspolitik" zu folgender Tabelle:

Kennziffer	Ausbildungsberuf	Auszubildende 1978 insgesamt	davon im 1. Ausbildungsjahr
5491	Automateneinrichter	1.038	379
7810	Bankkaufmann	37.819	9.374
6352	Bauzeichner	10.265	3.651
2740	Betriebsschlosser	18.450	6.529
6311	Biologielaborant	1.109	362
2721	Blechschlosser	2.209	792
2240	Bohrer	39	25
2241	Bohrwerkdreher	460	141
4220	Brauer und Mälzer	1.153	391
7810	Bürogehilfin	16.893	8.094
7810	Bürokaufmann	58.427	17.668
1410	Chemiefacharbeiter	2.870	1.193
6330	Chemielaborant	6.741	1.847
7743	Datenverarbeitungskaufmann	995	392
2210	Dreher	10.800	3.671
1730	Drucker	3.649	1.353
3110	Elektroanlageninstallateur 1. Stufe	14.602	6.822
3140	Elektrogerätemechaniker 1. Stufe	3.027	1.475
3110	Elektroinstallateur	48.614	13.287
3130	Elektromaschinenbauer	2.401	620
3141	Elektromechaniker	2.064	620
3110	Energieanlagenelektroniker	11.408	789
3142	Energiegeräteelektroniker	2.310	194
3143	Feingeräteelektroniker	707	82
2840	Feinmechaniker	6.059	1.736
3120	Fernmeldeelektroniker	1.675	12
3120	Fernmeldehandwerker	12.147	3.184
3120	Fernmeldeinstallateur	2.467	1.179
3120	Fernmeldemechaniker	242	68
3153	Funkelektroniker	1.180	150
2342	Galvaniseur	260	96
7812	Industriekaufmann	54.748	13.884
3143	Informationselektroniker	1.544	127
3114	Kraftfahrzeugelektriker	3.949	1.293
2739	Maschinenbauer	6.824	1.866

Kenn-ziffer	Ausbildungsberuf	Auszubildende 1978 insgesamt	davon im 1. Ausbildungsjahr
2730	Maschinenschlosser	41.571	11.644
2850	Mechaniker	15.863	4.580
6324	Meß- und Regelmechaniker	1.783	439
3143	Nachrichtengerätemechaniker 1. Stufe	4.409	2.178
3151	Radio- und Fernsehtechniker	11.529	2.841
2212	Revolverdreher	116	53
2259	Schleifer	99	56
2710	Schlosser	18.737	6.492
2410	Schmelzschweißer	1.391	469
2751	Stahlbauschlosser	4.449	1.564
7822	Stenosekretärin	406	240
6350	Technischer Zeichner	14.052	3.917
6353	Textilveredler	743	327
2865	Uhrmacher	778	269
2221	Universalfräser	1.281	460
7030	Werbekaufmann	370	115
6323	Werkstoffprüfer	485	188
2910	Werkzeugmacher	24.478	6.638
	Insgesamt (54 Ausbildungsberufe)	492.663	146.909

Laut Statistik besuchen gegenwärtig 2,4 Millionen Schüler die berufsbildenden Schulen, 1,8 Millionen davon die Berufsschulen in dualer Form einschl. BGJ. Laut Umfrageergebnis sind bereits ca. 35-40% von ihnen direkt durch die Entwicklungen betroffen, die die ME in ihren Berufen bewirkt.

Schülerzahlen Berufsbildende Schulen 1979

Teilzeitberufsschule incl. BGJ	1,8 Mio. Schüler
Berufsfachschulen	0,31 Mio. Schüler
Fachoberschulen, Fachgymnasien	0,12 Mio. Schüler
Fachschulen	0,17 Mio. Schüler
Gesamt	2,4 Mio. Schüler

Quelle: "Personalwirtschaft"

Davon sind bereits heute 30 - 40% = 500.000 bis 700.000 Berufsschüler direkt durch die Entwicklungen im Bereich der Mikroelektronik betroffen.

Quelle: - BMFT-Arbeitskreis "Modernisierung der Volkswirtschaft"
- Battelle-Institut "Auswirkungen von µP auf die Bildungs- und Berufsqualifizierungspolitik"

Will man nun diese "Betroffenheit" definieren, um daraus Erkenntnisse für Veränderungen der Qualifikationsprofile zu ziehen, so muß man drei Gruppen unterscheiden:

1. Arbeitnehmer, deren Arbeitsgegenstand die Mikroelektronik selbst ist.

   z. B.: Informationselektroniker, Funkelektroniker, Fernmeldeelektroniker, Energieanlagenelektroniker. Sie installieren, reparieren und warten mikroprozessorgesteuerte Anlagen.

2. Arbeitnehmer, deren Arbeitsmittel funktional durch die Mikroelektronik bestimmt wird.

   z. B.: Dreher und Universalfräser an CNC-Maschinen, Fernsehtechniker an automatischen Diagnosesystemen, Zeichner an graphischen Datensichtgeräten (CAD).

3. Arbeitnehmer, deren Tätigkeit durch den Einsatz der Mikroelektronik überflüssig wird.

   z. B.: Feinmechaniker in der Uhrenindustrie, Schriftsetzer in der Drucktechnik.

Die Auszubildenden der letzten Gruppe sind am schwersten auf die Veränderungen ihres Berufsbildes vorzubereiten. Hier kann in der Ausbildung nur eine allgemeine Bereitschaft zur Weiterbildung bzw. Umschulung geweckt werden.

Für die Auszubildenden der anderen beiden Gruppen ist die Aufnahme der ME in die Berufsausbildung von existenzieller Bedeutung. Das setzt aber voraus, daß Kenntnisse über ME in die Ausbildungsordnungen aufgenommen werden. Angesichts der hohen Innovationsgeschwindigkeit der Mikroelektronik ist das Erstellen von neuen Ausbildungsordnungen jedoch ein viel zu langwieriges Verfahren.

<u>Was sind Ausbildungsordnungen?</u>

- Sie bilden die Grundlage für eine geordnete und einheitliche Berufsausbildung.
- Sie werden vom zuständigen Fachminister im Einvernehmen mit dem Bundesminister für Bildung und Wissenschaft erlassen.
- Ausbildungsordnungen und von den Ländern zu erlassende Rahmenlehrpläne bilden die Grundlage für den Berufsschulunterricht.
- Die Ausbildungsordnungen enthalten: (§ 25 BBiG)

  1. Bezeichnung des Berufes
  2. Ausbildungsdauer
  3. Fertigkeiten und Kenntnisse, die Gegenstand der Berufsausbildung sind
  4. Ausbildungsrahmenplan
  5. Prüfungsanforderungen

- Die Erstellung unter Federführung des Bundesinstitutes für Berufsbildung dauert in der Regel 3-4 Jahre.
- Berufsschullehrer sind in der Regel nicht oder nur beratend an dem Verfahren beteiligt.

Neben der immer größeren Praxisferne in der Gewerbelehrerausbildung ist darüberhinaus in keiner mir bekannten Studienordnung zum Gewerbelehrerstudium Metall oder Elektro und in keiner Prüfungsordnung für das 2. Staatsexamen in diesen Bereichen etwas über notwendige ME-Kenntnisse enthalten.

Blättert man in den Lehrerfortbildungsprogrammen der Länder, so sind auch hier nur wenige Kurse enthalten, um die Lehrer in die Materie einzuarbeiten, d.h. der verantwortungsvolle Lehrer ist z.Zt. darauf angewiesen, sech ME-Kenntnisse autodidaktisch zu erwerben. Und das, obgleich - ausgehend von 1978 - folgende Lehrer schon ausgebildet sein müßten:

<u>Zahlenmodell hinsichtlich des Bedarfs an in Mikroelektonik ausgebildeten Berufsschullehrern:</u>

Basisjahr 1978

Berufsschüler (Teilzeit)	1.721.714
Berufsschullehrer	32.295
Nach "Battelle-Studie" von ME betroffene Schüler	492.663
Nach KMK "Statistik 63" kommen 55 Schüler auf einen Lehrer	
Notwendige Lehrer	8.957
=================	=========

Quelle: - Battelle-Studie
- KMK Statistik 63

Neben den Veränderungen in den Berufen und der unzureichenden Lehrerausbildung ist das dritte Problem, mit dem sich die berufsbildenden Schulen in diesem Zusammenhang konfrontiert sehen, die abnehmende Bereitschaft der Schulträger, Schulen mit den notwendigen Geräten auszustatten. Neben dem Argument der knapper werdenden Ressourcen sind es drei Dinge, die die Schulträger abschrecken:

1. Das Fehlen der ME-Inhalte in den Ausbildungsordnungen oder Rahmenlehrplänen.
2. Das Fehlen von eindeutig definierten Leistungsprofilen für die Hardware, das Fehlen eines standardisierten Software-Systems.
3. Das stürmische Preis-/Leistungsverhalten des ME-Marktes generell.

Ich habe bis hierher versucht, Ihnen die Probleme darzulegen, denen sich die Berufsschule durch die Entwicklung der ME gegenübersieht. Was kann nun aus der Sicht dieser Schule getan werden, um den zukünftigen Facharbeiter, den auszubilden diese Schule angetreten ist, so auf die Anforderungen im Beruf vorzubereiten, daß er sich, auf Kenntnissen aufbauend, jeder technischen Entwicklung anpassen kann ?

Um diesem Auftrag gerecht werden zu können, muß die Berufsschule m.E. auf der Schaffung gewisser Voraussetzungen bestehen:

1. Erfüllung inhaltlicher, curricularer Bedingungen.
2. Ausstattung von Schulen.
3. Beteiligung an der Erarbeitung der Dinge, die die Schule vermitteln soll.
4. Anpassung der Lehreraus- und fortbildung an die Erfordernisse der Praxis.

Aufgrund der Kürze der Zeit sollen im folgenden nur die beiden erstgenannten Punkte schwerpunktmäßig behandelt werden.

1. Inhaltliche, curriculare Bedingungen

Sowohl bei Arbeitnehmern, deren Arbeitsgegenstand die ME ist, als auch bei denjenigen, deren Arbeitsmittel durch die ME bestimmt werden, ist die Entwicklung durch den Trend "von der Mechanik zur Elektronik", "von der Hardware zur Software" und "von der Analog- zur Digitaltechnik" gekennzeichnet. Das bedeutet u.a. einen geringeren Fertigungsaufwand, weil vorgefertigte elektronische Baugruppen eingesetzt werden. Damit geht aber der Arbeitsanfall an Metallverformung, Oberflächenbearbeitung, Bauteilefertigung und Bauteilemontage ebenso zurück, wie die Anzahl der mechanischen und elektrischen Bauelemente, die in zunehmendem Maße durch Systeme mit komplexeren Funktionen übernommen werden. Die heutige und die frühere Fernschreiberherstellung sind hierfür ein konkretes Beispiel.
Zwar kann auf den Fachmann mit spezifischen handwerklich-manuellen Kenntnissen nicht verzichtet werden, aber seine Tätigkeit wird immer mehr z.B. im Einrichten und Überwachen von NC- und CNC-Maschinen liegen. Die ME erfordert also abstraktes, logisches Denken und damit die Fähigkeit, lediglich durch Information oder Signale dargestellte Sachverhalte zu begreifen. Das ist aber eine Abkehr vom gewohnten Sehen und Erfahren hin zu nur abstrakten Bereichen.

Dieses Denken und Planen in Systemzusammenhängen setzt analytische Fähigkeiten voraus und erfordert die Übertragung in Folgerungen und Strukturen.
Diese zusätzlichen Tätigkeiten verlangen u.a. Kenntnisse in der Programmierung von entsprechenden Maschinen sowie das Wissen um deren Funktionszusammenhänge. Damit wer-

den auch die Grenzen zwischen Arbeitsvorbereitung und Maschinenbedienung weitgehend aufgehoben.

Um diese allgemeinen Erkenntnisse näher zu durchleuchten und daraus konkrete curriculare Schritte abzuleiten, haben vier niedersächsische Berufsschullehrer für den Arbeitskreis Schulrechner, der vom BMFT finanziert wird, eine Befragung der Wirtschaft (Hersteller, Anwender) hinsichtlich der gewünschten Grundkenntnisse der zukünftigen Facharbeiter durchgeführt.

Die Ergebnisse lassen sich aufteilen in fächerübergreifende und fachspezifische Anforderungen. Es war eine weitgehende Übereinstimmung der Hersteller und Anwender in den wesentlichen Forderungen an die berufliche Erstausbildung festzustellen.

a) Fächerübergreifende Anforderungen

Der Facharbeiter der Zukunft wird permanent um- oder neulernen müssen, und zwar bis ins hohe Erwerbsalter. Er wird Defizite im engeren "qualifikatorischen Raum" ertragen und auf eine Konkretion der Wissensvermittlung verzichten müssen. Es werden von ihm Lernbereitschaft, Lernfähigkeit, autodidaktisches Arbeitsvermögen, Eigeninitiative, Beharrlichkeit, Durchhaltevermögen und Fleiß verlangt. Zusammen mit Kollegen wird er an seinem Arbeitsplatz mit erheblichen Vermögenswerten umgehen, die ihm im sozialen Zusammenwirken zu verantwortungsbewußtem Handeln verpflichten.

Schulische Lösungen

Diese Anforderungen sind für die Schule eigentlich nicht neu, dennoch sind sie leider bis heute weder methodisch noch didaktisch verwirklicht.

b) Fachspezifische Anforderungen

- Wünsche der Wirtschaft
  Die Aussagen können in folgenden Teilgebieten zusammengefaßt werden:

- Digitaltechnik
  Angesichts der zunehmenden Digitalisierung (Fernsehen, PCM-Vermittlungs- und Übertragungstechnik, Steuer- und Regeltechnik usw.) müssen die von der Schule vermittelten Kenntnisse vordringlich erweitert werden. In die Kenntnisvermittlung müssen der Mikroprozessor und seine typischen Systembausteine miteinbezogen werden.

- Messen, Auswerten, Beurteilen
  Alle befragten Firmen gaben der Meßtechnik für die Zukunft einen hohen Stellenwert. Meßtechnik soll mehr geübt werden. Dabei soll die Praxis im Vordergrund stehen. Meßstrategien sind zu erarbeiten, neue Meßgeräte und Meßverfahren aufzunehmen (Frequenzzähler, Mehrkanaloszilloskop, Logikanalyser, Überprüfen der HiFi-Norm, Messen kurzzeitiger Vorgänge usw.). Die Meßergebnisse sind in bezug auf das Gesamtsystem zu interpretieren.

- Systemkenntnisse

  Mit Kenntnissen in der Hardware und Software wird der Auszubildende befähigt, Gesamtsysteme zu beurteilen. Beispielsweise kann das Optimieren eines Details bei Nichtberücksichtigung der Gesamtsystemzusammenhänge sich negativ auswirken. Bei dem Umgang mit Anlagen sind Abgrenzungen zwischen Software und Hardware zu treffen, Schnittstellen sind zu definieren und zu überprüfen. Das Blockschaltbild sollte Grundlage für die Systembeschreibung sein. Der Funktionsablauf der Anlage sollte aus einem Programmablaufplan gelesen werden können.

- Praktische Informatik, Programmierung

  Gefordert wird allgemein der Einstieg in die Software. Künftig wird auch von solchen Herstellern Software verkauft werden, die bisher ausschließlich Hardware anboten (z.B. Fernmeldeindustrie). Auszubildende ohne Kenntnisse auf dem Gebiet der Software beherrschen künftig ihren Beruf nicht mehr. Die Entwicklung in der Elektrotechnik geht zum Teil die Wege, die die Datenverarbeitung bereits gegangen ist, wo heute mit zunehmender Tendenz bereits 80% der Kosten auf die Software entfallen.

  Forderungen an die Schule sind:

  Vermittlung von Software-Grundkenntnissen zum Mikroprozessor. Hier sollte nicht zu tief in den Assembler eingestiegen werden. Der Umgang mit dem Hexadezimalcode ist dabei unumgänglich. Als Langzeitwissen gilt der Umgang mit einer problemorientierten Programmiersprache zur Schulung des algorithmischen Denkens und zum systematischen Erfassen von Problemlösungen. Berufsspezifisch müssen Echtzeitanwendungen (Prozeßsteuerung) und freiprogrammierbare Steuerungen behandelt werden.

- <u>Schulische Lösungen</u>

  Die Forderung, die Kenntnisvermittlung in der Digitaltechnik und in der Meßtechnik zu erweitern sowie darauf aufbauend den Mikroprozessor und das Mikroprozessorsystem mit in die Unterrichtsinhalte aufzunehmen, bedeutet eine Ausweitung des Theorieanteils. Wo dies z.Zt. nicht möglich ist, muß eine Schwerpunktverschiebung stattfinden, bei der der Zeitansatz für Metall- und Werkstofftechnik im Berufsfeld Elektrotechnik entfällt und andere Inhalte (z.B. Relais- und Wählertechnik) nur noch verkürzt oder exemplarisch behandelt werden. Dies ist zunehmend vertretbar, da viele Bauelemente (z.B. Schütz und Relais) nur noch als Sensor oder Aktor benutzt werden, während die "Intelligenz" bisheriger Schaltungen vom Mikroprozessorsystem übernommen wird. Es erscheint zudem sinnvoll, die Digitaltechnik vor der Analogtechnik, eventuell vor der Wechselstromtechnik zu behandeln.

Da Kenntnisse der Hardware nicht nur im Berufsfeld Elektrotechnik ausgeweitet, sondern in zunehmendem Maße in Berufen der Metalltechnik (z.B. Büromaschinenmechaniker, Uhrmacher, Dreher, Fräser, Kfz-Mechaniker) erstmals aufgenommen werden müssen, soll aufgrund der Trendanalyse bis 1985 ein geschlossener Kenntniskanon wiedergegeben werden. Dieser ist entsprechend der Betroffenheit durch die Entwicklung der Mikroelektronik ganz oder teilweise zu vermitteln.

- Digitaltechnik
  - Binäre Verknüpfung
    Neben der Einführung der Grundverknüpfungsglieder nach DIN 40 700 Teil 14 geht es hier um ihre Beschreibung als Gleichung, um die Regeln der Schaltalgebra und um Minimierungsverfahren.
  - Schaltnetze
    Dieses Gebiet umfaßt u.a. Zahlensysteme, Codierer, Komparator und Multiplexer
  - Schaltwerke
    Neben Speichergliedern, Zählern, Schieberregistern und Analog-Digital-/Digital-Analog-Wandlern sollen hier u.a. Rechenwerke, Speicherbausteine sowie die Abbildung von Schaltnetzen in frei programmierbaren Logikanordnungen (FPLA) und in Festwertspeichern (ROM) behandelt werden.

- Mikroprozessorsystem

  Nach einer Einführung in die Arbeitsweise des Mikroprozessors (Register, ALU, BUS, Programmzähler, Stackpointer usw.) und seiner Hardwarekomponenten (Speicher, Interface usw.) muß das Zusammenwirken der Baugruppen miteinander behandelt werden. Zur Veranschaulichung sind praxisgerechte Modelle mit entsprechenden Meßwertgebern und Stellgliedern erforderlich.

- Meßtechnik

  Neben der allgemeinen Meßgerätekunde werden besondere Meßverfahren (z.B. zum Messen kurzzeitiger oder einmaliger Vorgänge) und der Einsatz aufwendiger Meßgeräte (Mehrkanaloszilloskop, Logikanalyser usw.) gefordert. Die notwendige Auswertung des Meßprozesses erfordert zunehmend Kenntnisse über das Gesamtsystem.

- Systemkenntnisse

  Hier erscheint es methodisch sinnvoll, nach der Top-Down-Methode von einem allgemeinen System ausgehend die Wirkungsweise berufsspezifischer Gesamtsysteme (z.B. rechnergsteuerte Fernsprechanlage, Steuer- und Informationssysteme im Auto, mikroprozessorgesteuerte Werkzeugmaschinen, Waschmaschinensteuerung) zu erarbeiten, um das Zusammenwirken der einzelnen Komponenten im Gesamtsystem zu erfassen. Hierbei ist damit zu rechnen, daß die einzelnen Komponenten in zunehmendem Maße über eigene "Intelligenz" verfügen (abgesetzte Intelligenz im Terminal, Fernsprechapparat usw.).

Vermittlung von Software-Kenntnissen in der Schule

Mit der Entwicklung von der Hardware zur Software und um Hardware-Lösungen verstehen zu können, müssen unumgänglich die Bereiche Problemanalyse, Algorithmen und Programmierung bzw. die Software mit in das Angebot der berufsbildenden Schulen aufgenommen werden. Dabei kann bei den Algorithmen an Bekanntes angeknüpft werden, denn auch herkömmliche Anlagen realisieren Algorithmen. Der Unterschied ist nur, daß die bisher fest verdrahteten Algorithmen heute per Programm einer Anlage eingegeben werden. Die Handhabung des Lötkolbens wird zunehmend ersetzt durch den Umgang mit der Software (der Eingriff in die Hardware wird zum Eingriff in die Software).

In der Fernmeldetechnik erlauben rechnergesteuerte Anlagen dem Fernmeldeelektroniker, per Programmänderung Kundenwünsche zu realisieren, in der Energietechnik sind Steuerungen zu programmieren, der Kfz-Mechaniker wird Programme des Steuerrechners durch Einsetzen eines neuen Festwertspeichers ändern und der Dreher setzt die Maschinenarbeitsgänge aus einzelnen Programmuduln (Plandrehen, Kegeldrehen, Gewindeschneiden usw.) zusammen.

Von der Schule wird erwartet, daß sie den Schülern folgende Angebote macht:

- Problemlösungsstrategien

  In der Problemanalyse kommt es zur Verbalisierung des Problems. Das Problem wird einer Kategorie von Lösungsansätzen zugeordnet. Die voraussetzungen, die Randbedingungen, das erwartete Endergebnis und das Lösungsverfahren werden festgelegt.

  Von den Lösungsverfahren ist zunächst das Top-down-Verfahren zu nennen, das durch schrittweise Verfeinerung zur Problemlösung führt. Das Bottom-up-Verfahren ist mit der Modultechnik zu vergleichen, bei der Teillösungen zu einer Gesamtlösung zusammengesetzt werden. Den Schülern sollen Strategien an die Hand gegeben werden, die es ihnen ermöglichen, auch zukünftige technische Lösungen zu verstehen.

- Algorithmen

  Ausgehend von einem berufsbezogenen Problem soll das Erarbeiten formaler Vorschriften geübt werden, die in einem endlichen, eindeutigen, ausführbaren, vollständigen und allgemeingültigen Verfahren es leisten, den Eingabegrößen die richtigen Ausgabegrößen (Lösungen) zuzuordnen. Als Veranschaulichungsmittel sollen u.a. der Programmablaufplan (DIN 66001) und das Nassi-Schneidermann-Diagramm dienen. Übergeordnetes Ziel ist das Denken in Strukturen.

- Einführung in eine Programmiersprache

  Erst im Umgang mit einer Programmiersprache bekommt der Schüler einen Begriff von dem mit Software Machbaren. Wichtig erscheint es dabei, einer Programmiersprache den Vorzug zu geben, die das strukturierte Programmieren begünstigt, eine klare Trennung zwischen Vereinbarungen und Anweisungen vorsieht, über die nötigen Datentypen verfügt, die eigene Definition von Datentypen zuläßt, die die wichtigsten Kontrollstrukturen besitzt (IF-THEN-ELSE, REPEAT-UNTIL, FOR-TO-DO, WHILE-DO, CASE-OF) und ein einfach zu handhabendes Unterprogrammkonzept hat. Wegen der in den Berufsgruppen des gewerblichen berufsbildenden Schulwesens notwendigen Kenntnisse über Prozeßsteuerungen muß die Sprache Prozeßkontrollfunktionen enthalten. Zur Einführung der Sprachelemente erscheint die Benutzung von Syntaxdiagrammen sinnvoll.

  Als Nebeneffekt und zur Vertiefung ist es möglich, die Elemente der Programmiersprache als "Kurzschrift" zur eindeutigen Beschriebung von Vorgängen (z.B. Mikroprozessorsystem) und logischen Schaltungen (z.B. Multiplexerkomparator) erfolgreich zu benutzen.

2. Gerätetechnische Ausstattung gewerblicher berufsbildender Schulen

Die Notwendigkeit, den Schülern Hardware-Kenntnisse vermitteln zu müssen, verlangt die Anpassung der Schulausstattungen an die Aufgabenstellung.

Grundsätzlich sollte die Ausstattung nicht nur Demonstration, sondern Schülerübungen oder doch Schüler-Gruppenübungen zulassen.

Erforderlich sind:

Digitaltrainer (für Schülerübungen)

Diese Geräte sollen nicht nur Grundlagenversuche ermöglichen; sie müssen vielmehr auch die Schaltungsentwicklung für komplexe Aufgabenstellungen aus höher integrierten Bausteinen (Codierer, Multiplexer, Speicherbausteine) in vertretbaren Zeiten und unter Aufrechterhaltung der Anschauung unterstützen. Ein methodisch durchdachter Modellrechner sollte diesen Ausstattungsteil vervollständigen.

Mikroprozessortrainer, Mikroprozessorsystem

Auch diese Geräte sollten mehrfach zur Verfügung stehen. Sie müssen so gestaltet sein, daß die Schüler Zugang zu den Prozessor- und Systemmodulschnittstellen haben, damit sie die Signale örtlich und zeitlich verfolgen und Schnittstellenbedingungen überprüfen können. Die Geräte sollten maschinenorientiert programmierbar sein. Speicheranzeigen (umschaltbar), Ausgangs- und Eingangszustandsanzeigen sollten vorgesehen sein. Eine Eingabe-Ausgabe-Schnittstelle muß in Stecker- oder Buchsenform angebracht sein. Mit Hilfe von Kassettengeräten sollten Programme ein- und ausgegeben werden können.

Meß- und Prüfgeräte

Meß- und Prüfgeräte müssen die Signale der Rechnersysteme aufnehmen und darstellen können.
Neben der Standardausstattung an Meßgeräten müssen Mehrkanaloszilloskop, Speicheroszilloskop und Logikanalyser zur Verfügung stehen.

Software-Schulung:

Mikroprozessorsystem mit problemorientierter Sprache

Zu diesem Mikrocomputer-System gehören ein Bildschirm-Terminal, eine Eingabe-ASCII-Tastatur, ca. 128 KBytes Arbeitsspeicher und ein externer Massenspeicher (Floppy-Disk). Der Rechner muß die Anwendung einer problemorientierten Sprache (z.B. PASCAL, erweitert um Prozeß-Befehlsfunktionen) mit Editor und Fehlerverfolgungsroutinen (Trace oder Dump) ermöglichen. Exemplarisch müssen elektrische, mechanische und hydraulische, auswechselbare und berufstypische Musteranlagen in ihren Abläufen (Prozessen) über Meßwert-, Zeit- und Stellglieder gesteuert und geregelt werden können. Programme müssen auf einen Magnetspeicher (Floppy-Disk oder Magnetband-Kassette) ausgegeben oder aus diesem eingelesen werden können. Dieses System sollte sich aufwärtskompatibel ausbauen lassen.

Um die beschriebenen, von uns erarbeiteten curricularen, inhaltlichen und gerätetechnischen Vorstellungen zu erproben und um die Gesamtproblematik der Auswirkungen der ME auf die Berufe und damit auf die gewerblichen Berufsschulen nicht noch länger zu verdrängen, wäre ein groß angelegter Modellversuch unter Federführung und Finanzierung des Bundes wünschenswert - ähnlich wie der Modellversuch MME (Mehrmediensystem Elektrotechnik Elektronik) oder MMM (Mehrmediensystem Metall).

Wegen der Kompetenz des Bundes für die Berufsausbildungen dürfte es hier keine Probleme zwischen Bund und Ländern geben.

Schlußbemerkung

Ich hoffe, meine Ausführungen haben Ihnen einen kleinen Einblick in die Gesamtproblematik gegeben. Vielleicht haben Sie auch einen Eindruck von der im gewerblichen Schulwesen möglichen Dynamik bekommen.

Nun zur Beantwortung der von mir gestellten Frage: ist das gewerbliche Schulwesen überfordert ?
Ich glaube sagen zu können, daß es nicht überfordert ist, wenn es nicht alleine gelassen wird. Als konkrete Forderungen ergeben sich:

1. - Anpassen der Lehrerausbildung an die Erfordernisse der Praxis, d.h. Vermittlung von Grundlagenkenntnissen in ME in der Metall- und Elektroausbildung.
   - Sofortige Aufnahme von Lehrerfortbildungsmaßnahmen über ME in den Ländern.
2. - Aufnahme der beschriebenen Inhalte in die Ausbildungsordnungen und Rahmenlehrpläne.
   - Schaffung von Innovationsfreiräumen in den Ausbildungsordnungen.
   - Beteiligung der Lehrer als stimmberechtigte Mitglieder in den Ausschüssen zur Erarbeitung der Ausbildungsordnungen.
3. - Einheitliche Ausstattung der Schulen mit Geräten nach erfolgter Erprobung und eventueller Standardisierung in einem groß angelegten Modellversuch.

Nur das gemeinschaftliche Zusammenwirken aller an der beruflichen Bildung Beteiligten macht es möglich, den Anforderungen der Informationstechnik gerecht zu werden.

Podiumsdiskussion *
Panel Discussion

Telekommunikation für Bildung und Ausbildung - Ist eine neue Bildungspolitik notwendig?

Leitung: Prof. Dr. E. Witte, München

Einleitung

Prof. Dr. Witte:

Mit der Vorstellung der Gesprächspartner möchte ich die Podiumsdiskussion wie folgt eröffnen:

- Frau Dr. Besser	Vorsitzende des Ausschusses für Wissenschaft des Abgeordnetenhauses, Berlin.
- Herr Meier	Vorsitzender des Ausschusses für Kultur, Bildung und Sport des Landtages des Saarlandes, Saarbrücken.
- Herr Prof. Dr. Schorb	Vorsitzender des Fachbeirats der VISODATA '80, München.
- Herr Prof. Dr. Dohmen	Universität Tübingen.
- Herr Prof. Dr. Haefner	Universität Bremen.
- Herr Dr. Vöge	Wissenschaftlicher Leiter des Kongresses, Berlin.

Ich selbst freue mich, als Vorsitzender des Münchner Kreises, diese Abschlußdiskussion, die recht bald aus unserem Kreis auch an Sie übergehen soll, leiten zu dürfen.

Zunächst einmal glaube ich, ist es sinnvoll, Herrn Prof. Dr. Schob das Wort zu geben, der zusammenfassen kann, welche Probleme sich aus seiner Sicht nun im Laufe der Vorträge und Diskussionen ergeben haben.

Übersicht zum Kongreßverlauf

Prof. Dr. Schorb:

Wir haben eingangs die zwei auf hohem Niveau befindlichen Grundsatzreferate gehört, die beide dasselbe Problem ansprachen.

Herr Haefner, einerseits, hat über die Entwicklung der Informationstechnik berichtet und auf eine Art Selbstdurchsetzung dieser informationstechnischen Möglichkeiten hingewiesen, die in alle Bereiche des Menschen eindringen können, unabhängig davon, ob dort die menschlichen und wirtschaftlichen Bedingungen bestehen oder nicht. Er hat

---

* Zusammenfassung wesentlicher Aussagen

weiterhin auf die Unaufhaltsamkeit einer Katastrophe in den 80er Jahren hingewiesen, und dieses nach 15 Jahren bildungstechnologischer Entwicklungen.

Herr Dohmen, von der anderen Seite ausgehend, kam schließlich an denselben Punkt der Herausforderung, mit dieser technischen Durchsetzung fertig werden zu müssen. Er setzte bei dem Menschen und bei der Bildung an sich an und hat dann kritische Fragen an die Informationstechnik gestellt. Weiterhin betrachtete Herr Dohmen die vermittelnde Funktion der elektronischen Datenverarbeitung als eine Art der Vorsortierung: Eine grundsätzliche Möglichkeit, eine technologische Brücke zu bauen. Die Informationstechnik dient dem Menschen als eine Hilfe zu dem, was immer menschlich und persönlich bleiben wird, nämlich zum Verstehen. Im 19. Jahrhundert dagegen wurde die Information unmittelbar, direkt übergeben.

Herr Kling hat am Problem des Denkenlernens mit Computerhilfe nachgewiesen, daß hier eine seit eh und je akzeptierte Aufgabe für Bildung vorliegt und heute technische Möglichkeiten zur Lösung gegeben sind, die viel weiterführen, als sie genutzt werden. Er hat auf das interessante Phänomen unserer diesbezüglichen Hemmungen und Ängste aufmerksam gemacht.

Herr Flemmer berichtete über das Telekolleg, die Indienstnahme moderner Übertragungstechnik im Bildungsvollzug. Er wies hierbei auf den fast unverständlichen Vorgang hin, daß einer der großartigsten Versuche in dem Moment nicht mehr ganz von den Verantwortlichen mitgetragen wird, wo er fast keine inneren Schwierigkeiten mehr enthält. Immerhin hätten 10 000 Menschen und mehr auf diesem Wege inzwischen einen Abschluß erwerben können.

Dann konnten wir zwei interessante Berichte aus dem Schulalltag entgegennehmen. Einmal das Taschenrechner-Referat von Herrn Meißner, aus dem Bereich der allgemein bildenden Schule und der Bericht von Herrn Spitta über die berufsbildenden Schulen. Diese beiden Vorträge haben gezeigt, wie sich ganz nahe vorort Verschiebungen vollziehen können, die der eigentlichen Bildungsverwaltung entzogen sind.

Das Taschenrechner-Referat wies auf die Möglichkeit hin, im Mathematik- und Rechenunterricht mit mehr Intuition zu arbeiten gegenüber anderen Lernfunktionen, die früher Kernstück der Lehrpläne gewesen sind. Hier ein für mich sehr eindrucksvolles Plädoyer an die Schulverwaltung, an die Politik: bitte beschränkt nicht unsere Möglichkeiten, engt nicht unsere Sensibilität ein, direkt vorort darauf zu reagieren in einem normalerweise perfekt reglementierten öffentlichen Bildungssystem, wo auch die Innovation reglementiert wird und von oben kommt; laßt uns einen Raum, um wenigstens Versuche zu machen.

Ähnlich, in einem ganz anderen Bereich, hat Herr Spitta nach der schon klassischen Erfahrung wieder nachgewiesen, daß die Berufswelt immer weiter ist, als die Berufsschulen und hier ein Dranbleiben an der Entwicklung das ewige Problem darstellt; d.h., durch die rapide industrielle Entwicklung ergibt sich ein zunehmendes Auseinanderklaffen von Schule und Beruf, das kaum zu überwinden ist.

In Anbetracht unseres organisierten Bildungssystems, war der Bericht von Herrn Kamermann über das Ausbildungssystem der Lufthansa von besonderem Interesse. Er stellte uns ein von Traditionen nicht belastetes Ausbildungssystem in zweifacher Hinsicht dar: zum einen, welches System bei der Lufthansa für die Aus- und Weiterbildung inzwischen entstanden ist und zum anderen, wie in diesem System ein überaus interessantes Rochieren in den verschiedenen Medienebenen möglich ist. Ein solcher Medienumgang scheint im öffentlichen Schulsystem wegen den schon bestehenden fertigen Strukturen heute noch undenkbar zu sein.

Herr Bunderson aus den USA schließlich berichtete über die Möglichkeit des Einsatzes von interaktiven Bildplattensystemen im Bildungsbereich. Dabei wurde anhand der demonstrierten Beispiele deutlich, daß derartige audiovisuelle Massenspeicher im Zusammenwirken mit Kleinrechnern ganz neue Möglichkeiten der Darstellung und des Zugriffs für neue Lerninhalte ermöglichen.

Zusammenfassend ergeben sich aus allen Vorträgen für die Bildungspolitik und für die Bildungsverwaltung die folgenden drei Fragen:

1. Mit welchen Maßnahmen wird das öffentliche, das organisierte Bildungswesen auf die Informationsherausforderung, auf die erweiterten Möglichkeiten, deren Nutzungsgrad nicht aufzuhalten ist, reagieren ?
2. Was ist an Überlegungen und Bereitschaft, sich der Sonderaufgabe der neuen Informationstechniken zu stellen, überhaupt vorhanden ?
3. Wie ist das Bildungswesen fähig, wie groß ist die Bereitschaft, die Anregungen, die außerhalb des Schulbereichs, des Bildungsbereichs schon vorhanden sind, aufzunehmen und einzuführen, um nicht vielleicht etwas überheblich in der Selbstgewissheit zu bleiben, daß das organisierte Bildungswesen immer maßstabgebend ist für das, was außerhalb passiert ?

Beiträge der Podiumsteilnehmer

Prof. Dr. Haefner:

Das Bildungswesen hat sich bis vor 30 Jahren als das einzige System verstehen können, welches Informationsverarbeitung und Qualifikation in unserer Gesellschaft produzieren konnte. Heute kommt die Informationsverarbeitung in verschiedenen Formen, und zwar als technische Informationsverarbeitung und als Verarbeitung im menschlichen Gehirn vor. Und hier müßte sich das Bildungswesen fragen, wie dieser Herausforderung einer kleinen Gruppe von Hardware/Software-Produzenten zu begegnen ist. Die Zahl der Leute, die heute weltweit Informationstechnik voranschiebt, ist um 10er Potenzen geringer als die der Leute, die im Bildungswesen tätig sind. D.h. es gelingt einer kleinen Gruppe, eine alternative Informationsverarbeitung anzubieten. Und wenn sich dieser Sektor ausweitet, so wird die Informationsverarbeitung mehr und mehr im technischen System ausgeführt werden. Sollte diese Entwicklung wirklich weiterverlaufen, dann muß sich das Bildungswesen fragen, wieviel Qualifikationen zu vermitteln sind und insbesondere, wie die Kombination von menschlicher und technischer Informationsverarbeitung vorbereitet ist. Es besteht meines Erachtens kaum eine Chance, daß dieser Umwandlungsprozeß in den nächsten fünf oder zehn Jahren im Bildungswesen geleistet werden kann.

Für mich als Hochschullehrer ist es deshalb bedrückend, daß seitens der Industrie, der Wirtschaft und der Verwaltung die ständige Forderung einer höheren Qualifikation gestellt wird. Wie soll dieses verstanden werden, wie soll diese Schwelle von dem Lernenden, der immer mehr investieren muß, umgesetzt werden, um überhaupt in die Informationsverarbeitung hineinzukommen ?

Andererseits werden wir in den nächsten Jahren mit einer Demotivation seitens der Lernenden rechnen müssen, denn diese erkennen, daß sie sich eine Informationsverarbeitung aneignen, die technisch schon längst verfügbar ist.

Prof. Dr. Dohmen:

Zu dem vorhin gezeichneten Spannungsbild möchte ich Herrn Schorb fragen, ob diese Entwicklung wirklich unaufhaltsam ist, und genauso möchte ich Herrn Haefner kritisch fragen, ob es wirklich nicht erkennbar ist, welche Kräfte die Nutzungsentwicklung der modernen Informationstechnik stoppen sollten.

Hat man sich nicht früher einmal auch bei der Entwicklung der Atomindustrie ähnlich sicher gefühlt und gemeint, daß die Entwicklung unaufhaltsam sei ? Müssen wir nicht auch mit einer Art der Anti-Computerbewegung in irgendeiner Form rechnen ? Die ersten Plaketten "Kabel-TV, nein danke" habe ich in Tübingen schon gesehen. Schon die ersten Plaketten "1984, nein danke" und das erste Plakat "Stoppt den großen Bruder" habe ich auch schon an der Universität hängen gesehen, wobei nicht ganz sicher ist, welcher großer Bruder gemeint war. Aber ich möchte darauf hinweisen, daß hier noch eine nicht ganz klare Akzeptanzsituation vorliegt. Möglicherweise ist hier mehr an Stoff und an emotionalen Gegenbewegungen vorhanden, als wir uns heute klarmachen. Das aber unterstreicht gerade die Notwendigkeit, daß wir vom Pädagogischen her das Mögliche und das äußerst Mögliche tun, um solche Krisen und Zusammenstöße unvereinbarer Art zu vermeiden. Und da würde ich allerdings auch sagen, daß ich eine gewisse Krise im Bildungswesen sehe, das offensichtlich nicht in der Lage ist, schnell genug und effizient genug auf diese Herausforderung zu reagieren.

Nun würde ich aber daraus nicht pessimistisch den Schluß ziehen wollen, "es ist halt nichts mehr zu sagen", sondern da würde ich sagen,"dann müssen wir so schnell wir können versuchen,das Mögliche zu tun und nicht nachlassen, zusätzlich alternative Möglichkeiten aufzugreifen". Die Situation ist nach meiner Meinung zu prekär, als daß wir uns auf das traditionelle Bildungswesen und auf die traditionelle Bildungsbürokratie verlassen können. Wir müssen alternative Dinge aufgreifen, wie etwa das Telekolleg.

Wenn wir also insgesamt die intensiven Bemühungen im Bildungsbereich, wenn auch leider mit zu großer Verzögerung, betrachten, dann glaube ich, besteht eine gewisse Chance, das Gleichgewicht zwischen Verarbeitungs- und Telekommunikationskompetenz auf der einen Seite und den Anforderungen der modernen Informationstechnik auf der anderen Seite herzustellen. Deshalb gibt es gar keine Möglichkeit, zu zögern, überhaupt keinen Grund, zu resignieren. Wir müssen das Äußerste tun und dann wird sich zeigen, wie weit wir kommen.

Prof. Dr. Witte:

Können wir etwas sagen über Akzeptanz, seitens der Lehrenden, der Lernenden, seitens derjenigen, die als politische Instanzen, als tragende Kultusverwaltungen oder als Kultuspolitiker oder schließlich seitens derer, die selber etwas herstellen sollen ? Und damit frage ich vor allem nach der Software, der Brainware oder der Teachware, jedenfalls nach den Inhalten, aus denen die wesentliche Kraft kommt und ohne die nichts zu akzeptieren, nichts zu verwalten und zu entscheiden ist.

Fr. Dr. Besser:

Aus politischer Sicht muß man sich zunächst einmal darüber klar sein, daß diese Fragen der Akzeptanz und der Inhalte Teil des Bildungswesens selbst ist, von dem besonders die Herren Professoren hier ein stark tragender Teil sind. Deshalb darf ich diese Frage zunächst einmal von daher zurückgeben. Wir können im politischen Bereich nur regeln, was da ist. Wir erfinden nichts, sondern wir bekommen von Ihnen etwas glaubhaft, überzeugend oder auch nicht, auf den Tisch gelegt, mit dem wir uns dann auseinandersetzen müssen.

Wir müssen an Sie die Frage stellen: "Wie glaubhaft können Sie das, was Sie hier auch im Streitgespräch dargestellt haben, dem Politiker jetzt darbieten, damit er daraus auch tatsächlich Entscheidungskompetenzen ableiten kann ?"

Es gibt keine Frage darüber, daß es eine Akzeptanz der Bildungswilligen gibt. Es gibt nur die Fragen:

- Wie weit reicht der Kreis der Bildungswilligen, Stichwort "Telekolleg" ?
- Befinden wir uns also erst in der Durststrecke ?
- Wächst erst eine Generation heran, die damit nachher im weiten Rahmen umgeht, oder aber ist diese Karte tatsächlich schon ausgereizt ?

Ich würde dem zustimmen wollen, daß wir erst hineinwachsen. Damit ergibt sich jetzt für uns die Schwierigkeit, etwas finanzieren zu müssen. Denn die Finanzen sind der wesentliche Punkt aller Regelungsbefugnis. Wir müssen wieder glaubhaft machen, nämlich bei Ihnen als Steuerzahler, daß wir etwas finanzieren, was Sinn hat.

Das zweite Problem für mich ist hierbei, daß wir in der Schulpolitik mit den erforderlichen Abgrenzungen, die ja auch noch nicht ganz geklärt sind, dafür sorgen müssen, daß die Motivation für diese Bereitschaft, sich mit den komplizierten Technologien auseinanderzusetzen, gesetzt wird.

Ich möchte da noch einen dritten Problemkreis ansprechen, den Parlamentarischen. Der sich als Bürgervertreter fühlen soll und als solcher agieren soll, hat es mit allen Bürgern, nicht nur mit Bildungsbürgern zu tun. Er muß entscheiden, ob daß, was wir jetzt an besonderer technologischer Fähigkeit an Schülern in allgemein bildenden Schulen vermitteln, für die Überlebensstrategien ausreicht, oder ob u.U. eine Abhängigkeit zu der Technologie erzeugt wird, die eines Tages eben die Überlebensstrategien nicht ausreichend erscheinen läßt.

Ich möchte ein ganz primitives Beispiel ans Ende setzen. In Berlin ist die Kongreßhalle u.a. in sich zusammengestürzt und dabei hat ein Journalist versucht, die Fensterscheibe mit dem Bein einzutreten und ist schließlich an den Folgen daran gestorben. Wer zu entsprechenden Überlebensstrategien erzogen worden wäre, hätte niemals sein Bein zum Eintreten dieser Scheibe genommen, sondern irgendeinen harten Gegenstand, von denen in der Halle Massen herumstanden.

Hr. Meier:

Ich bin zunächst einmal sehr skeptisch, was die Weiterentwicklung der Telekommunikation in Ausbildungen betrifft, insbesondere in unserem Bildungswesen und zwar aus drei Gründen:

1. Die Politiker, die im Grunde den Bildungsexperten und Bildungspolitikern gegenüberstehen, nämlich die Finanzpolitiker, die die Entscheidungen letztendlich im wesentlichen in der Bildungspolitik mitzutreffen haben, sind gegenüber aller Neuerungen in der Bildungspolitik sehr skeptisch eingestellt.
2. Sowohl die Bildungspolitiker, als auch die Bildungsbürokratie, sind über diese Fragen, die hier in einem internen Kreis von interessierten Fachleuten diskutiert werden, überhaupt nicht informiert, ganz zu schweigen von den Politikern, die sich nicht mit Bildungspolitik beschäftigen. Sie sind nicht sachverständig, und deshalb stellt sich die Frage der Akzeptanz zur Zeit nicht. Aufgrund dieses Nichtinformiertseins wird dieser Frage überhaupt ausgewichen.
3. Enorme Kosten kommen hier auf die Politik und auf den Steuerzahler zu aufgrund der Enttäuschungen, die mit allen Verfahren der letzten Jahre verbunden waren. Ich darf hier einmal die Methode Mengenmathematik, das Problem der Fachlehrer an den Hauptschulen, Chemiebaukästen usw. ganz konkret nennen und die damit wiederum verbundene Skepsis gegenüber dem, was hier auf die Schulen, auf die Schüler und Eltern und auf die Bildungspolitiker zukommt, artikullieren.

Die entscheidende Frage besteht meines Erachtens darin, ob das Schulwesen überhaupt in der Lage ist, das, was die Industrie bzw. die Technik entwickelt hat und im grundsätzlichen fordert, im Bildungssystem anzubieten. Ich meine, daß hier die wichtige Aufgabe beispielsweise des Münchner Kreises darin besteht, in einer Arbeitstagung, in einem Seminar die entsprechenden Leute, Bildungspolitiker und die Bildungsbürokratie zu informieren, damit hier überhaupt eine Möglichkeit, eine Basis der Diskussion entsteht. Dann erst ist auf einer solchen Basis auch Entscheidungsfindung möglich.

Dr. Vöge:

Ich wollte gerne einen anderen Aspekt in die Debatte werfen und das ist der Aspekt der Technik. Ich glaube, wir alle gehen davon aus, daß die Technik, die wir heute zur Verfügung haben, noch in keiner Weise im Zusammenhang mit Bildung und Ausbildung ausgereift ist. Grundsätzlich gibt es ein Primat aus der Bildung und Ausbildung heraus auf die Technik. Wenn man sich jedoch anschaut, inwieweit dieses Primat wahrgenommen wird, so kann man im Moment sagen, daß die Technik und damit die Technik zur Verfügung stellende Industrie nicht gefordert ist und dieses hat seine Gründe.

Frau Dr. Besser hat mit Recht darauf hingewiesen, daß eigentlich etwas vorgelegt werden muß, bevor entschieden werden kann. Diese Forderung hat zwei Aspekte:

1. Die Forschung auf dem Bereich der Medientechnologie ist in der Bundesrepublik Deutschland kaum organisiert. Untersuchungen über Perzeption im Bildungsbereich, Auslegung der Mensch-Maschine-Schnittstelle, Wahl der Nutzersprachen usw. werden kaum angestellt. Nicht einmal auf dem noch einfach zu behandelnden Gebiet der Geräteauswahl ist es heute möglich, eine abgestimmte Spezifikation, beispielsweise für einen Schulrechner, für einen industriellen Entwurf zugrunde zu legen. Es erscheint also zwingend notwendig, daß ein organisierter Dialog zwischen den in der Bildung und Ausbildung Verantwortlichen und den für den Entwurf und die Bereitstellung von technischen Hilfsmitteln Zuständigen in unserem Lande organisiert wird.

2. Der andere Aspekt ist der Bereich der Anwendungen, d.h. der Feldbereich. Wie die Beispiele des Kabelfernsehns, Pilotprojekte oder der Bildschirmtext-Feldversuche zeigen, gibt es erhebliche Schwierigkeiten, ein öffentliches Verständnis für die Notwendigkeit derartiger kommunikativer Großversuche zu finden. Wichtig erscheint mir, daß Gegensätze zwischen industriellem Wollen und gesellschaftlicher Notwendigkeit klarer formuliert, ausdiskutiert und überwunden werden. Nur dann, wenn es gelingt, die Kommunikationslandschaft gemeinsam zu erforschen und zu planen, wird sie der Gemeinschaft letztendlich dienen können.

   Nur so kann es gelingen, Fehleinschätzungen, wie etwa der Ersatz von Wörterbüchern durch sprechende Wortübersetzer, zu vermeiden. Die Einführung von Taschenrechnern im Schulbereich ist eine uns als Gemeinschaft angehende technologische Herausforderung, die aufgrund von Diskussionen und gezielten Experimenten gemeinsam entschieden werden muß.

Allgemeine Diskussion

Hr. Hochmeister, München

Ich möchte an einen Satz von Frau Dr. Besser anknüpfen. Sie haben davon gesprochen, daß die Bereitschaft der jungen Menschen, sich mit diesen komplexen Technologien zu beschäftigen, zurückgeht. Das ist ja nun ein Apell an unser Bildungswesen: Was ist in einer solchen Situation zu tun ? Wir aus der Industrie wissen, daß wir z.Zt. nicht die Ingenieure bekommen, die wir brauchen. Wir wissen, daß die Zahl der Ingenieurstudenten gerade auf diesen Gebieten zurückgeht. Woher kommt diese Nichtbereitschaft ? Wenn zuvor gesagt wurde, daß eine gewisse Aversion gegen das Kabelfernsehen beispielsweise vorhanden ist, dann fehlt eines, nämlich, daß gezeigt wird, was mit Informationstechnik Positives geleistet werden kann. Daß Informationstechnik beispielsweise zu modernen Prozessen und Verfahren führen kann, mit denen Rohstoffe gespart werden und daß die ganze Überwachung und Steuerung der Umweltbedingungen mit Informationstechnik, Mikroelektronik eng verknüpft ist. Ich bin der Meinung, daß Nachteile der Technik wie sie jede Technik hat, durch Informationstechnik vermindert werden kann und daß dieser Tatbestand im Bereich der Bildung und Ausbildung mehr vermittelt werden muß. Und so ist meine Frage an das Bildungswesen, was ist in dieser Richtung zu tun?

Dr. Kling, Duisburg:

Ich glaube, daß die Frage nach der Finanzierbarkeit des derzeitigen informationstechnischen Angebotes etwas verfrüht ist; ich möchte nochmal auf den Vorschlag von Herrn Dr. Vöge eingehen, daß mehr in Richtung Forschung getan werden muß, daß man viel mehr sich über die Nützlichkeit dieser Technologien durch praktische Erfahrung informieren sollte.

In diesem Zusammenhang wäre meines Erachtens eine ganz wichtige Fortschrittsfrage, die nach dem Informations-Konsumverhalten der Einzelnen, oder auch des Benutzerverhaltens gegenüber einem Übermaß an Informationsflut. z.B.:

- Welche Arten von Suchstrategien gibt es für einen Menschen, der ein bestimmtes Problem hat, zu dem er sich nun beispielsweise aus den verschiedenen Techniken Informationen sammeln will ?
- Nach welchen Strategien selektiert er nun das große Informationsangebot ?

Ich glaube, all dies sind Fragestellungen, die wir heute noch nicht ausreichend und befriedigend beantworten können.

Ein ganz anderer Punkt ist auch noch, gerade im Zusammenhang mit der Anwendung im Bildungsbereich, die hohe Sensibilität der curricularen Eignung für bestimmte Techniken. D.h., was für die eine Computersprache möglich ist, auch pädagogisch, didaktisch und ökonomisch vertretbar ist, ist es mit einem anderen Gerät, mit einer anderen Software nicht. Ich glaube, daß wir über diesen Zusammenhang auch noch viel mehr praktische Erfahrungen machen müssen. Diese Dinge sind zu komplex, um sie jetzt am grünen Tisch abzuleiten.

Eine letzte Bemerkung noch. Meines Erachtens wurde auch hier viel zu wenig darauf hingewiesen, daß diese Informationstechnologien bestimmte Sondergruppen in einem bisher nicht geahnten Maß positiv unterstützen können, ihnen letztlich auch eine Lebenshilfe bieten, wie es bisher nicht denkbar gewesen ist.

Fr. Dr. Besser:

Ich möchte noch zwei Punkte aufgreifen, obwohl viel mehr wichtig wären. Das eine ist: es fehlt die Rückkoppelung von dem, was in der Berufswirklichkeit nachher gefordert wird, zu dem, was die Schulen an Grundwissen dazu liefern muß. Die Schule wird gern überfordert. Man verlangt von ihr, daß sie fertige Arbeitskräfte für bestimmte Berufe liefert. Das kann sie nicht. Aber sie muß in dem Grundwissen, was sie vermittelt, eine Aufgeschlossenheit bringen, für das, was nachher die Berufswirklichkeit erfordert. Hier fehlt schlicht die Rückkoppelung. Und zwar nicht so sehr bei den Politikern. M.E. auch bei denen, die Lehrerbildung betreiben, die z.Zt. ganz andere Grundsätze in der Lehrerbildung vertreten, als das, was in der Berufswirklichkeit nachher gefordert wird.

Das zweite ist die Schwerfälligkeit, die Sie selbstverständlich beklagen können; die liegt in der Tatsache des Berufsbeamtentums. Ein Lehrer ist ein Lebenslänglicher und wir haben gegenwärtig viele Lebenslängliche, die noch sehr jung sind. Dann können Sie sich allein ausrechnen, welche Zeiträume auf uns zukommen und was wir in der Lehrerweiterbildung leisten müssen und die Frage stellen, ob die Grundlehrerbildung, überhaupt auch die Lehrerweiterbildung genügend vorbereitet hat.

Noch ein Letztes. Es ist richtig, daß wir in Berlin z.B. ein sehr umfängliches Studenten-Ghetto haben. Wo Studenten in dieses Ghetto ausgewichen sind, weil sie mit dem, was wir an Information anstelle von lebenswichtigem Wissen, auch an Hochschulen vermitteln, nicht mehr fertig werden und sich darum eine eigene Welt aufbauen, in der sie sich das versuchen zusammenzusuchen, was sie für sich selbst, für das Bestehen ihres Lebens, für notwendig halten und was ihnen in der Massenuniversität nicht mehr vermittelt wird. Die Massenuniversität war sicherlich kein Hit. Und wenn wir eine andere Form von Bildung in unserem Staat brauchen, dann als Ergebnis der schiefgelaufenen Massenuniversität. Daß wir zuviel Soziologie und ähnliche Fächer haben und zuwenig ingenieurwissenschaftliche Fächer liegt schlicht und einfach daran, daß der Mensch das, was unbequem ist, ab der 10. Klasse abwählen kann.

Wer soll denn ingenieurwissenschaftliche Fächer studieren, wenn Mathematik bei ihm nicht mehr vorkam und z.B. durch Sport ersetzt wurde ? M.E. liegt hier echt ein Fehler in dem, was wir in der Schule machen. Wir haben gerade aus dem politischen Raum heraus, Schule zum Teil völlig falsch im Leben des einzelnen Menschen angesiedelt, und hier ist ein Umdenkungsprozeß ganz zwingend wichtig. Sie, der Münchner Kreis, müssen die bildungspolitischen Sprecher der Deutschen Parlamente unbedingt auf einen Fleck versammeln und ihnen klar machen, was der Mensch braucht, um sein Leben zu bestehen. Denn ein Staat, der in der Schule nicht mitgibt, was einer braucht, um sein Leben zu bestehen, der versagt in seiner Aufgabe.

Prof. Schorb:

Wenn ich die Statements der Politiker höre, möchte ich sie unterstreichen und sie aber doch noch durch einen Gesichtspunkt ergänzen. Wenn Überlegungen zu einem Problemkreis damit enden, daß man Forderungen stellt, dann muß man die Modelle überprüfen, die dahinterstehen und da liegt die Gefahr nahe, daß wir in Sukzessionen denken.

Das ist ein Modell gewesen, das ein Jahrhundert brauchte, um sich bei einer neuen Technologie umzustellen. Die neue Situation ist, daß wir den Prozeß parallel schalten müssen. Es geht nicht mehr in der Sukzession.

Also, Herr Dr. Vöge, wenn Sie vorhin fragten, wer macht das, dann müssen wir mit in Betracht ziehen, daß die Aufwandsträger von Schulen andere Instanzen sind, als die, die über die curricula entscheiden. In den Medien hat das ganz üble Entwicklungen in den 60er Jahren eingeleitet. Es war damals für die Industrie leicht, die Ideen über aufgeschlossene Kommunalbildungspolitiker einzubringen, die das Geld dafür zur Verfügung gestellt haben. Das System konnte das aber nicht aufnehmen und dann kam der grosse Rückschlag. Heute fangen wir erst bescheiden wieder an, das in den Gleichklang zu bringen. Man muß die Eigenart dieses Systems mit in Betracht ziehen und so etwas wie Gesprächskreise veranlassen. Man kann nur als Spezialist hineingehen, nicht als Generalist.

Prof. Dohmen:

Das Problem geht m.E. noch weiter, nämlich es bezieht sich auf die fehlende Bereitschaft der Lehrer zu dem Rollenwechsel, der ihnen vom Wissensvermittler, zum Informationslotsen zugemutet wird. An der Wissensvermittlung hängt für viele Fachlehrer ein Selbstwertgefühl, auf das sie nicht gern verzichten. Die Umstellung der Lehrer ist ein ganz schwieriger Prozeß. Ich würde also die Konsequenz ziehen, daß wir selbstverständlich gleichzeitig in der Lehrerausbildung ansetzen müssen.

Wir müssen zweitens bei den Lehrplänen, bei der Arbeit an den Schulen so gut, so schnell und so effizient es geht, ansetzen.

Und drittens müssen wir die wenigen, die jetzt schon aufgeschlossen genug und bereit sind, zu alternativen Unternehmungen neben der Schule versuchen zusammenzubringen, um dann entsprechende Maßnahmen auch neben dem Schulwesen zu ergreifen.

Sie haben Recht, der Taschenrechner kommt neben der Schule und kommt so von der Seite zwangsläufig hinein. Diese Entwicklung müssen wir stützen. Alternative Unternehmen wie: Funkolleg, Zeitungskolleg und was immer sich da an Möglichkeiten bietet.

Prof. Haefner:

Ich glaube, wir sind im Bildungswesen auf dem Wege, uns an neuen Zielen zu orientieren, und wenn ich auch von einer Krise gesprochen habe, so bin ich nicht so pessimistisch, daß eine solche Neuorientierung möglich ist. Bisher waren zwei große Bereiche für diese Orientierung dieses Bildungswesens verfügbar. Da war das Beschäftigungssystem auf der einen und das politische System auf der anderen Seite. Das gesellschaftliche System auf der anderen Seite als Führungsgröße des Bildungssystems weitet sich aus dadurch, daß Wirtschaft und Verwaltung eben Informationsverarbeitungstechnik auch anders gewinnen kann und damit, sozusagen, dieser Aspekt nicht mehr klar ist. Das gesellschaftliche System als einfaches Führungssystem, wird m.E. durch diese Art von neuer Infrastruktur aufgeweicht (der Informationsverarbeitung und Kommunikation). Wenn man wirklich zu Ende denkt, was eine informierte Gesellschaft sein kann, so wird sie auch in ihrem Selbstverständnis durch Menschen in dieser Gesellschaft andere Vorstellungen entwickeln.

Lassen sie mich vielleicht an der Stelle ein Wort sagen, nämlich, daß die Information in unsere Gesellschaft penetriert. Ich habe versucht, in einem Buch, daß jetzt gerade erscheint, die verschiedenen gesellschaftlichen Kräfte abzuklopfen. Daraufhin, wo denn Kräfte sind, die eventuell einer Penetranz der Informationstechnik in unserer Nation und international widersprechen können. Und meine Analyse klingt traurig derart, daß ich sage, daß z.Zt. und bis Mitte der 80er Jahre keine Kräfte erkennbar sind, die wirklich entgegenstehen. Und was heißt es eigentlich, in einer Gesellschaft Informationsverarbeitung und Informationsverfügbarkeit zu begrenzen ? Was ist das für eine Form von Gesellschaft, die Sie dann zu Ende erleben müssen, wenn Sie ernsthaft dahin gehen sollten, so etwas zu begrenzen ?

Wenn wir über die Zukunft des Bildungswesens nachdenken müssen wir uns fragen, wie das begrenzt wird und wie da die Gesellschaft eingreifen soll.

Ein letzter Punkt scheint mir doch noch von der Technik her gesagt werden zu müssen. Nämlich, daß die neue Technologie keineswegs zwangsläufig eine Informationsflut, ein "information overload" bewirken muß. Denn glücklicherweise hat uns die Telekommunikation die Möglichkeit in die Hand gegeben, Zweiwegkonstruktionen zu schaffen. Dafür gibt es verschiedene technische Modelle. Aber man kann schon im Schmalbandrückkanal das, was man gern wissen möchte, abfragen und das bedeutet doch, daß man nicht mehr mit ungefragten Informationen überschüttet wird.

Danksagung

Prof. Dr. Witte:

Dank den Leuten, die an der Podiumsdiskussion teilgenommen haben. Dann aber auch denjenigen, die aus dem Plenum heraus diese Diskussion befruchtet, weitergeführt und kritisch getragen haben. Allen Teilnehmern an diesem Kongreß, die trotz Fußball-Europa-Meisterschaft sich mit uns gemeinsam diesen Fragen gewidmet haben.
Ich möchte Herrn Prof. Schorb als Vertreter von VISODATA danken, der in einer sehr freundlichen und sachlich fruchtbaren Weise diese Kooperation angeregt und sie mit uns zusammen verwirklicht hat.
Ich möchte der Messegesellschaft danken, die uns fürsorglich und hilfreich behandelt hat. Dann dem Sekretariat und allen Helfern, die zwar im Hintergrund, aber für einen Kongreß doch ganz nützlich sind.

Vor allen Dingen, lieber Herr Dr. Vöge, Ihnen, der Sie als Wissenschaftlicher Leiter dieses Kongresses das Programm gestaltet haben, die Vorbereitungen mit den Referenten und schließlich auch die Durchführung verantwortet haben.

Ringsum also, glaube ich, war es eine Veranstaltung, die sich gelohnt hat; sicherlich nicht das letzte Wort, denn wie wir gehört haben, wir sehen schon viele Probleme. Vor manchen fürchten wir uns, aber wir haben noch einen Funken Hoffnung, daß wir es wieder packen.

Und damit schließe ich im Namen des Münchner Kreises diesen Kongress.

Telekommunikation für den Menschen Human Aspects of Telecommunication

Individuelle und gesellschaftliche Wirkungen
Individual and Social Consequences

Vorträge des Kongresses 29.–31. Oktober 1979, München
Proceedings of the Congress October 29–31, 1979, Munich
Herausgeber/Editor: E. Witte

1980. 71 Abbildungen, 13 Tabellen. XX, 335 Seiten
(52 Seiten in Englisch)
DM 58,–
ISBN 3-540-10036-9

Inhaltsübersicht/Contents: Technische Kommunikation für Menschen/Human Aspects of Technical Communication. – Menschengerechte Technik der Telekommunikation/Man-oriented Telecommunication Technologies. – Individuelle Nutzung der Telekommunikation/Individual Employment of Telecommunication. – Gesellschaftliche Wirkung der Telekommunikation/Social Consequences of Telecommunication.

Mit diesem Kongreß wurde versucht, eine umfassende Bestandsaufnahme der Telekommunikation im Hinblick auf die individuellen und gesellschaftlichen Wirkungen vorzunehmen, und zwar unter vielseitigen Aspekten, insbesondere aus der Sicht der Wissenschaften, der Medien, des Kommunikations- und Arbeitsmarktes sowie der Politik.
Im ersten Teil des Kongresses standen die Anforderungen des Menschen gegenüber der technischen Ausgestaltung von Geräten und Prozeduren im Vordergrund. Im zweiten Teil wurden Probleme der individuellen Nutzung der Telekommunikation behandelt. Dabei ging es nicht lediglich um Marktanalysen und Akzeptanzuntersuchungen, sondern vor allem auch um die Frage, inwieweit die Bedürfnisse des einzelnen Menschen in neuen Kommunikationssystemen berücksichtigt werden können. Im letzten Teil wurden die gesellschaftlichen Wirkungen der Telekommunikation umfassend und kritisch diskutiert.

Springer-Verlag
Berlin
Heidelberg
New York